湘味

高等职业教育烹饪工艺与营养专业教材

U0825637

湘菜美学概论

AN INTRODUCTION TO
AESTHETICS OF HUNAN CUISINE

盛金朋　蔡鲁峰 / 主编

中国轻工业出版社

图书在版编目（CIP）数据

湘菜美学概论 / 盛金朋，蔡鲁峰主编. —北京：
中国轻工业出版社，2024.9
ISBN 978-7-5184-4713-8

Ⅰ. ①湘… Ⅱ. ①盛… ②蔡… Ⅲ. ①湘菜—烹饪—
高等职业教育—教材 Ⅳ. ①TS972.117

中国国家版本馆CIP数据核字（2023）第255243号

责任编辑：贺晓琴　吴曼曼　　责任终审：李建华　　设计制作：锋尚设计
策划编辑：史祖福　　责任校对：朱　慧　朱燕春　　责任监印：张　可

出版发行：中国轻工业出版社（北京鲁谷东街5号，邮编：100040）
印　　刷：艺堂印刷（天津）有限公司
经　　销：各地新华书店
版　　次：2024年9月第1版第1次印刷
开　　本：787×1092　1/16　印张：10.5
字　　数：235千字
书　　号：ISBN 978-7-5184-4713-8　定价：49.00元
邮购电话：010-85119873
发行电话：010-85119832　010-85119912
网　　址：http://www.chlip.com.cn
Email：club@chlip.com.cn

220707J2X101ZBW

本书编写人员

主　编　盛金朋　蔡鲁峰

副主编　肖　冰　李　娜　陈新欣　凌　琳
周红美

参　编　何　彬　彭军炜　刘同亚　张　拓
周　彪　温　潜　欧阳虎　张　芝

序言

历史与自然眷顾湖湘大地，给湖湘饮食留下了太多的历史人文与自然物产。在湖南永州道县玉蟾岩遗址中发现了距今1.2万～1.4万年稻谷遗迹，在湖南澧县彭头山发现了距今约8000年的人工栽培稻，这些考古发现充分证明了湖南地区是我国稻作文明发源地之一。

在战国时期，爱国诗人屈原被贬逐于湖南境内的湘江流域。在此地，屈原完成了《楚辞·招魂》和《楚辞·大招》两篇不朽之作，这些作品在中国文学史上获得了极高的赞誉，也留下了湘人最初的饮食记忆。文中大量描述了湘人祈天地、礼鬼神、祭先祖、宴宾客等民风民俗，并详细列举了当时湘人上流社会的饮宴情况，罗列出的各种肴馔组合为我国历史上的宴席菜单提供了文学记录。

在《吕氏春秋·本味篇》中就已经有"云梦之芹""洞庭之鱄""醴水之鱼，名曰朱鳖"等湖湘食材的记载，这说明在战国时期，这些湘菜中常见的食材就已经具有一定的社会影响力与知名度。

在西汉时期，长沙成了封建王朝政治、经济和文化活动较集中的一个主要城市，该地域物产丰富，经济发达，烹饪技术已发展到一定的水平。严格来讲，从西汉开始，湘菜就已经从"楚国"的饮食区域中真正地脱离出来，并开始逐步形成具有鲜明特征的湖湘饮食。

在湘菜文化界，最具震撼力与影响力的当数1972—1974年间出土的长沙马王堆汉墓。在马王堆三号汉墓中出土的一批帛书、简书当中，有一半的文字记载是关于食物、养生与医学的。在马王堆一号汉墓中出土了312枚遣策，其中记载了近150种食物，10余种烹调方法及橘皮、花椒、姜、豆豉、葱等湘菜中常用的调味料，在这些记载中，关于菜肴品种就多达77款。1999年5月出土的沅陵县虎溪山一号汉墓（墓主人为长沙王吴臣之子、汉初所封沅陵侯吴阳）中，又发掘出千余支竹简，上面刻有3万余字，其中有三分之一是记载湖湘饮食的，共收录了148份饭菜谱，仅羹品就有30余种。因此，这些竹简被后人命名为《美食方》。

在唐代，湖湘大地成了文人墨客“不到潇湘岂有诗”的精神圣地，在宋、元、明时期，随着湘菜饮食行业的兴起，湘菜的发展迈入了黄金时代。清代、民国时期，湘菜随着湘军的兴起，迎来了全盛时期。现如今，人们更愿意将湖南菜称之为“湘菜”，湘菜已成为当今国内最受欢迎的地方风味菜之一，甚至有人讲，“在中国只要有餐饮的地方，就有湘菜馆。”

回顾湘菜的发展历史，我们发现，在岁月长河中，湘菜一路前行，历经了平淡、起伏，变革与沉淀，至今，湘菜依然熠熠生辉，光耀照人。探其原因，是湘菜的这种热烈、刺激的味觉特点早已与湘人骨子里的不畏艰难、勇往直前、敢为人先、豪放不羁的精神性格相融合。这说明湘菜不仅停留在湘人的舌尖，也烙在了湘人的心里，不论湘人到何地，湘菜始终是湘人心中无法忘却的乡愁。

湘菜到底有什么魅力，能让消费者如此青睐？我想，无外乎是湘菜味道具有的强大的味蕾征服力。湘菜讲究入味，尤重酸辣、咸香、清香、浓鲜，让人食前垂涎三尺、食欲大开，食后回味悠长、流连忘返。

湘菜相对于其他地方菜，其最大特色是什么？仍为“辣、腊”二字。饮食界泰斗聂凤乔先生曾精辟地讲出，湖南的厨师擅长驾驭酸、辣，根据市肆、筵宴服务对象、地域、季节、菜式等诸多因素，能使酸辣分清浓层次，使它们恰到好处，湖南厨师善于掌握辣椒“盖味而不抢味”的特性，让食客在辣味的衬托下品尝百味。开放的辣与收敛的酸相互制约、相互协调，成为湖湘人民从饮食中获取养生保健的一种方式，也是湖湘饮食文化的内涵之一。

弘扬湖湘饮食文化，传承湘菜传统技艺，离不开湘菜职业教育。1974年，湖南省株洲市在省内率先开办了湘菜职业教育，创办了株洲市商业技工学校

（湖南省商业技师学院的原名），这里成了湖南省湘菜职业教育的发源地。湖南省商业技师学院历经45年的积累沉淀，通过几代教职工数年如一日的严谨治学、辛勤耕耘，在湘菜职业教育领域中取得了丰硕的成果，培育了数以万计的湘菜高技能人才，被行业誉为“湘菜教育的黄埔军校”“烹饪大师的摇篮”。

湘菜文化源远流长，但还一直缺乏系统的挖掘与整理，喜闻湖南省商业技师学院从2017年开始组织人员，精心编写一整套“湘菜”系列教材，历经两年多，在众多教师的辛勤付出下，《湖湘饮食文化概论》《湖湘特色食材》《湘菜非物质文化遗产概论》《湖南味道》《湘菜烹调一体化教程》《湘点一体化教程》等多部教材问世。这些“湘字”号的饮食文化教材，不仅填补了湘菜文化领域的空白，而且对系统挖掘、整理、传承、弘扬湖湘饮食文化具有里程碑式的意义。作为老一辈湘菜人，本人对此深感欣慰，我希望这些研究成果，能成为新一代湘菜人深入了解、学习湘菜文化的宝贵资料，也期盼湖南省商业技师学院能不忘初心，一如既往地担负起弘扬湖湘饮食文化、传承湘菜传统技艺的使命，为湘菜产业培养更多更优秀的人才。

全国五一劳动奖章获得者

中国烹饪协会副会长

中国湘菜大师

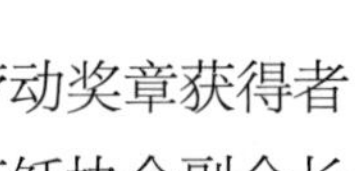

前言

党的二十大报告提出："……以社会主义核心价值观为引领，发展社会主义先进文化，弘扬革命文化，传承中华优秀传统文化，满足人民日益增长的精神文化需求，巩固全党全国各族人民团结奋斗的共同思想基础，不断提升国家文化软实力和中华文化影响力。"湘菜烹饪技艺作为省级非物质文化遗产，在体现湖湘精神，助力湖湘发展方面有着重要作用，为满足人民日益增长的精神文化需求，社会对湘菜美学及湘菜教育中的美育提出了更高的要求。

烹饪美学属于生活美学的范畴，是研究物质生活与精神生活领域的审美活动。美学的产生和发展让饮食不再局限于果腹充饥，而是在消费者生理需求满足的基础上，满足其精神需求。湘菜美学是湖湘文化、生活与美学的独特结晶，是自然美、社会美和艺术美的结合体。从美的角度研究湘菜，不仅能让烹饪者的内心得到升华和超脱，也可以让消费者的审美情趣得到释放，让湘菜成为一种传递情感、陶冶情操的艺术品。

"湘菜美学概论"是湖南省职业院校烹饪专业、餐饮类专业的一门核心课程，也是湘菜职业教育中一门极具地方特色的专业文化课程。学习和研究湘菜美学是继承和弘扬湖湘饮食文化的需要，是提高烹饪美学地位的需要，有利于在多学科背景下理解中国传统美学，在生活实践中提升美学素养。

本教材由湖南省商业技师学院盛金朋、蔡鲁峰担任主编，并负责制订调研计划、编写计划和方案，主持校内研讨会议，协调内容，编写提纲，审阅终稿。本教材第一章由李娜、陈新欣编写；第二章由蔡鲁峰、何彬编写；第三章由周红美、刘同亚编写；第四章由陈新欣、李娜编写；第五章由盛金朋、肖冰、彭军炜编写；第六章由凌琳、张拓编写；第七章由蔡鲁峰、欧阳虎编写；第八章由盛金朋、周彪、温潜编写；张芝主要负责教材的图片收集和整理工作。

本教材在编写过程中，得到了湖南省商业技师学院烹饪旅游学院湘菜非物质文化传承与研究中心团队的全力配合，得到了湖南省商业技师学院各位领导的大力支持。在此一并致以衷心的感谢！由于编写时间紧迫，加之编者水平有限，书中难免有不妥之处，敬请各位读者批评指正！

编　者

2024年3月

目录

第一章 绪论

湘菜的发展历史悠久，源远流长。烹饪的开始，也是湖湘文明的开始。随着湘菜的不断发展，其烹饪的艺术性已越来越明显地表现出来。历史上人们最初产生的美的概念就是美味。“美”在《说文解字》中解释为：“甘也，从羊，从大，羊在六畜，主给膳也。”羊肉是汉代的主要食用肉类之一，用食物来解释“美”，可见人们对美的最初认识是从内在价值角度出发的。《吕氏春秋·本味篇》中提到精致的食物，都以“美”字概括，“鱼之美者，洞庭之鱄”，可见饮食中的“美”指的就是食物的味美。在美学意义上，饮食首先且直接关系人的味觉，进而结合人的触觉、视觉与嗅觉甚至听觉等五感所共同完成的审美，因此在全面调动、发展人的感觉上，几乎没有哪一种美学方式如此趋于全面而深刻。这种美的现象早就存在于人们的饮食生活中，后世的美学理论就产生于这种生活基础之上。

湘菜美学属于生活美学范畴，但它本身又饱含了文艺美学的多角度渗透和内化。随着人类物质生活和科学文化的迅速发展，以及商业、交通、旅游事业的发展，人们对饮食中的美学欣赏性和要求越来越高，审美情趣也越来越广泛。人们不仅需要吃饱吃好，还需吃精吃巧，更需要置身于优美的环境中。围绕这一中心目标而组织的热情周到的服务、精美的筵席菜点、典雅舒适的环境、优美的音乐、舒畅愉快的情韵，能使进餐者的物质享受和精神享受同时得到无限升华。

第一节　湘菜美学概述

湘菜的美是文化、生活与艺术的独特结晶，它通过饮食烹饪技艺的调适完成对自然的转换、聚合与超离。从艺术与美学的角度理解饮食文化，意味着生活是人的感觉、情感和理性的价值载体和通道，饮食中糅合着生活的美学和活力。从美的角度研究湘菜，不仅能让烹饪者的内心得到升华和超脱，也可以让消费者的审美情趣得到释放，让湘菜成为一种传递情感、陶冶情操的艺术品。

一、美学概述

美学学科的名称Aesthetics，是18世纪中期由德国哲学家鲍姆嘉通（Baumgarten，1714—1762）首次提出，它的意思是关于感性认识的科学，与研究理性认识的逻辑学并列。

美学是研究现实中人的审美活动（创作与欣赏）的特征和规律的科学，简而言之，是研究审美规律的科学。美学研究的对象包括：人对现实生活的审美关系产生和发展的规律；美的本质、形态与范畴；文艺的美学特征、文艺创作与欣赏的规律；审美意识的本质；美感的特征及其产生与发展的规律；审美理想、趣味、观点与标准；审美教育的特点与原则等。

美学一般分为生活美学和文艺美学两大部分。生活美学是研究人对生活美的审美规律的科学，它包括自然美（名胜古迹、风光、地理、物产等的美）和社会美（劳动产品、生产技术、物质文明、精神文明、生活环境等的美），湘菜美学就属于生活美学的范畴。文艺美学是研究文学（诗词、小说、散文）和艺术（美术、戏剧、音乐、舞蹈、建筑、电影、摄影等）在审美的创作、欣赏中的特征和规律的科学。

二、湘菜美学概述

（一）湘菜

湖南，简称“湘”，也称潇湘、湖湘、三湘等。因湖南位于长江中游，省境辖区大部分在洞庭湖以南，故称之湖南，又因湘江贯穿省境南北，“湘”便成了湖南的简称。湖湘饮食历史悠久，在文献记载中，对湖南这一地方饮食的命名大多使用的是湖南菜、湘味或湘菜等词汇，而“湘菜”这一称谓，则是在近百年来开始广泛使用，并逐渐被大众所认同。

在《吕氏春秋·本味篇》中就已经有“云梦之芹”“洞庭之鱄”“醴水之鱼，名曰朱鳖”等湖湘食材的记载，这说明在战国时期，这些湘菜中常见的食材就已经具有一定的社会影响力与知名度。据对马王堆汉墓出土的烹食残留物及一套竹简菜谱的考究，证明当时楚人已利用数十种动植物烹制菜肴，显见湘菜至少已有两千多年的发展历史，可谓源远流长。湘菜文化历史悠久，博大精深，历代湘菜厨师创造了数量庞大、种类丰富的菜点，而这些菜点无不蕴含或体现着当时的审美情趣和思想。

（二）湘菜美学

湘菜美学，是湖湘文化、生活与美学的独特结晶，是自然美、社会美和艺术美的结合体，它从“味”“滋味”“味道”“口味”“品味”，再到“韵味”“意味”，是一种讲究“食味”的特定美学形态。这种美学在历史上长期维系于农业文化。湖南省内的少数民族农耕、狩猎、采集和畜牧并举，但各少数民族的经济、生活和饮食都在融入汉族，汲取了汉族的文化、饮食观念，使本民族的饮食和文化与汉族饮食文化达成了内在联系。汉族的文化和饮食美学思想成了湘菜美学最核心的内容，少数民族的文化和饮食审美则充实和丰富了湘菜美学的观念、体系和实践。湘菜及其审美、艺术化特色之所以在世界上独一无二，是因为它在历史发展中形成，并基于历史的积淀不断创新，至今仍保持着其体系与实践的自足性。

湘菜美学在它的形式、形象、品位之中呈现了一定的文化精神和气质，同时也往往会表现出超离文化的趋向，这种趋向往往通过审美化的过程和形式与普泛的文化观念或形态区别开来。食物和人最基本的饮食需求相联系，是人类生存的物质基础，因而湘菜美学是一种能够和人类生存活动和基本需求乃至规定的经济、生活和娱乐方式相联结的美学。

三、湘菜美学的特征

（一）湘菜美学的文化性

湘菜美学蕴含在湖湘饮食文化当中。湖湘饮食文化与湘菜美学，是由经济方式所决定的生活形态和观念形态。湖湘饮食文化与湘菜美学，既可以在物质层面相统一，也可以超越物质层面，形成自身独立的观念表现形态；文化与美学，可以在生活形态上凝结为特定的生活风俗、观念和传统，也可以在生活中以某一种抽离的方式显示其超脱一般生活风俗和趣味的价值追求，这是湖湘饮食文化与湘菜美学可相融共铸的方面。

湖湘饮食文化和湘菜美学的发展是衡量湖湘文明发展的一个重要尺度和手段，而湘菜美学又是湖湘饮食文化的一种体现。饮食文化的产生和发展应当从“食文化”的产生和发展说起，人对动物的直接捕食，代表了一种“食文化”的产生，对动物的畜养、农作物的栽培和食用则代表了“食文化”有了一个本质的转换和提升。“食文化”的产生和发展不仅为饮食文化的发展奠定了基础，也为湘菜审美的产生和发展提供了土壤。湘菜乃至中国菜的审美如它在漫长的历史中所呈现的，其最基本的一个主题是转换、聚合或超离自然，如饮食器具的发展由石器、陶器到现在精美的瓷器，既是历史的转换也是饮食文化发展中审美情趣的转换。

味觉要成为美感，就意味着饮食不仅是口腹之事，而且还包含着更深的文化意义。同时也说明由口感而来的快感不仅是生理快感，口腹之乐里一定包含一种超生理的精神享受。湘菜从满足“吃”发展到超越“吃”本身，从满足生理活动到后来的满足心理和精神上的审美享受，其自身已经潜在地纳入了大量审美文化的因素。

（二）湘菜美学的思想性

湘菜美学是美化了的“食文化”，也是湖湘饮食美学形式的聚集和呈现，在漫长的历史进程中，基于湖湘特殊的地理、区域、民族和文化背景，湘菜逐渐形成了自己的美学标准和美学思想。

湘菜制作中突出五味调和。“五味”出自“五行”，“味”的定性从几种体现自然统一性的原料而来。“咸”“苦”“酸”“辛”“甘”既是物性，又是对物性的感受性评价。“五味”观对中国饮食美学的影响十分深远，商周以来，直到今天的厨艺，都贯穿着“五味调和”的饮食观念。以味品食，成为中国饮食美学的一个基本概念。《吕氏春秋·本味篇》记载：“水居者腥，肉玃者臊，草食者膻。臭恶犹美，皆有所以。凡味之本，水最为始。五味三材，九沸九变，火之为纪。时疾时徐，灭腥去臊除膻，必以其胜，无失其理。调和之事，必以甘、酸、苦、辛、咸。先后多少，其齐甚微，皆有自起。鼎中之变，精妙微纤，口弗能言，志弗能喻。”人们认识到“五味”对食物固有腥膻味的去除作用，表明烹饪已成为一种主体化的美学。

（三）湘菜美学的实用性

湘菜美学的定义就确定了其属于实用美学的领域。它研究的是我们每天食用的美味佳肴，而不是哲学美学所研究的抽象的和理想的客体，所以它具有很强的实用性。但它又不是纯经验美学，只局限于描述饮食烹饪现象，而是进行确定、分析湘菜美学内在的本质与规律，并进行理论上的升华与美学思考，让消费者从单纯的生理经验中咀嚼出审美经验的愉快。所以，湘菜美学是实用要求与审美要求结合的科学。

（四）湘菜美学的交叉性

湘菜美学具有横向性、交叉性和综合性的特点。它是哲学、美学、心理学、社会学的相互交叉；它是味觉、视觉、嗅觉、触觉、听觉的相互渗透；它是立体造型艺术、平面造型艺术的相互融合；它是烹饪工艺学、烹饪原料学、营养卫生学与美学的相互联系。所以湘菜美学是自然科学、社会科学及艺术相互结合、相互渗透而形成的横向交叉学科，但我们又不能把它理解为包罗万象的大杂烩。

（五）湘菜美学的审美性

湘菜美学的审美性包含了审美能力和审美判断。湘菜美学的审美能力是指人发现审美感受、评价和欣赏烹饪美学范畴内的物象艺术能力，以及对物象审美价值进行分辨、评定时所必须具备的感受力、理解力和创造力。一般包括审美意识、审美经验、审美修养、审美感官，以及一定的生理、心理结构和思维、想象能力等。

每个正常人都能欣赏美，但所获得的审美享受却不尽相同，有深有浅，有满有缺，有健康有庸俗，这不仅取决于人的世界观、审美观，更主要还是审美能力的强弱。一位审美能力较强的人，具备全面的美学修养，即不仅精通烹饪艺术和服务艺术，还要了解和掌握一定的绘画艺术、造型艺术（民间工艺）、音乐、文学、诗词等多项艺术知识和鉴赏力，并将诸种艺术融会贯通。同时还需强调综合欣赏，审美过程中不仅要善于品尝菜肴的口味，鉴别质量的优劣，还要善于欣赏宴饮活动全过程中的各种美学因素。否则，就不能准确辨别美丑、区别美的程度、鉴别美的种类、判断艺术标准等。

审美能力是人类独有的能力，它的形成与发展固然与人的素质进化有关，但更重要的是人的社会实践。一方面，它通过人既改造对象又改造自身的长期劳动实践而形成，并且世代相传，不断进化；另一方面，它又是后天审美实践及审美教育培养的结果。它不仅以一定的生理、心理结构为基础，而且还以一定的生活经验、审美经验、文化知识和艺术素养为基础，受审美观点、审美理想制约，并随这些因素的变化而不断变化、发展和提高。

湘菜美学的审美判断，不同于科学判断，它具有审美判断和实用判断的双重性质。它不仅带有对感性形象的感情色彩，而且具有受人的审美趣味、理想和心境的影响的特性，还带有实际生活中人类具有的不同的味觉感应、嗅觉感应、触觉（口感）感应。作为一种审美印象，它受大脑思维的制约，并根据一定的审美标准和独特的审美趣味对审美对象做出一定的判断，而判断的准确度和判断能力就是烹饪审美艺术。

第二节　湘菜美学的研究内容

在湖湘饮食文化长期的发展进程中，饮食活动自始至终充满着美学的内容，遵循着美的规律，从甲骨文时代的“羊大为美”，先秦时期的“美善统一”，两汉时期的“综合性食美”，唐宋时期的“善均五味”，明清时期的“兼容并蓄”，再到今天的“意趣美”，湖湘饮食从精神、物质等方面形成了较完整的饮食审美规律。湘菜美学的内容丰富，底蕴深厚，学习和研究湘菜美学大体可以从以下几个方面着手。

一、湘菜美学的发展历史

饮食之美不仅在于食物外在形色及入口之味所带给人的感官愉悦，还在于饮食活动所蕴藉和投射出的厨者兴味和食者意趣。源远流长的湖湘饮食，因其所特有的审美表现与审美特征，及其蕴含的中国独特的传统文化审美观念，在极大程度上达成了生活与审美的融通，使得人们在满足生存需求的本能活动中，实现了对生命体验的超越性诉求，从而成为湖湘先民生活审美化最为集中而典型的日常呈现。中国古代美学思想的产生和发展也与饮食息息相关。

历史是最好的教科书，对湘菜美学发展历史的解读，可以使我们重新认识中国传统美学，拓展饮食美学的研究领域。

二、湘菜美学的基础

（一）湘菜的色彩

湘菜不仅味美，而且色彩丰富，善于进行配色，红白相配、黄绿相间、黑白对比……使人获得一种视觉的美感。视觉在我们感知外界事物中是占第一位的，一盘佳肴，首先映入我们眼帘的就是或红、或黄、或绿的色彩。美观绚丽的菜肴可以刺激人的食欲；绚丽的色彩能激起人们美好的感情波澜，这是色彩的心理效应，它们能在精神上引起相应的振荡。这种相应振荡是通过联想而产生的相应的感觉反应。如红色给人力量、活力、决心和胜利的印象，闪烁着内在的光辉；黄色使我们回想起耀眼的秋叶在阳光中与蓝天融为一色的那种灿烂景象；蓝色给人以遥远和淡雅的印象，宛如辽阔之海。色彩不仅对心灵、生理产生强烈的作用，对味觉也会产生明显的物理影响。人们可以说明亮的黄色看上去是“酸的”，因为它令人联想到柠檬的味道；黑色看上去是“苦的”，它令人想到焦煳的味道；红色看上去是“温暖的”，又自然容易令人想到火腿、红烧肉的味道，仿佛其醇香之气溢于口鼻；而白色看上去有质洁、软嫩和清淡之感，令人联想到“芙蓉鸡片”等；绿色多给人新鲜、自然之感，令人想到各种蔬菜，如芹菜、菠菜等。湘菜在色彩搭配上，遵循了一定形式美的规律，学习湘菜色彩搭配是制作精品湘菜的基础所在。

（二）湘菜图案的构图

构图，是在原料选择、加工后将各部分材料组合成一个整体的方法，讲究构图是湘菜家常菜与酒店宴席菜的主要区别之一。绘画艺术中，构图的原则一般指多样统一、对比协调、主次分明等。湘菜构图除掌握上述原则外，还需把菜肴烹调方法与质量要求结合起来。湘菜菜肴的构图不可能像绘画那样组合得十分精巧，而应遵照构图原则，根据实际情况，采取适当的艺术手段，使菜肴构图有新颖、奇特之感。湘菜图案的构图主要从图案的基本形式、图案的平面构成、图案的立体构成等方面着手，是湘菜美的关键所在。

（三）湘菜形式美及其法则

形式美是指客观事物外观形式的美。广义地讲，形式美就是美的事物的外在形式所具有的相对独立的审美特性，因而形式美表现为具体美的形式。狭义地说，形式美是指构成事物外形的物质材料的自然属性如色、形、声及它们的组合规律。如整齐、比例、对称、均衡、反复、节奏、多样的统一等所呈现出来的审美特性，即具有审美价值的抽象形式。事物的外形因素及其组合关系，被人通过感官感知，给人以美感，引起人的想象和一定的情感活动时，这种形式就成为人的审美对象。湘菜厨师在长期劳动实践活动和审美活动中，按美的规律塑造菜肴的外形，逐步发现了一些“美”的规律，如多样统一、整齐规律、平衡、对比、对称、比例、节奏、主宾、参差、和谐等。

菜肴的图案设计中不仅要有生动优美的形象，还要有人们喜闻乐见的艺术形式。内容和形式的辩证统一是菜肴图案设计必须遵循的基本原则。菜肴图案中使用的形式美法则是人类在创造美的形式、美的过程中对美的形式规律的经验总结和抽象概括，掌握形式美的法则，能够使我们更自觉地运用形式美的法则表现湘菜美的内容，创作出美的形式与内容高度统一的湘菜艺术精品。现实生活中，由于人们的经济地位、文化素养、生活理想、价值观念的不同，会产生不同的审美追求。但如果我们仅从形式条件来评价某一事物或某一造型艺术时，却会惊奇地发现，多数人对于美或丑的感觉存在着共识，这种共识是人类社会长期生产、生活实践中通过积累而形成的具有普遍意义的形式美法则。

三、湘菜审美领域

（一）湘菜的自然美

在中国文化中，对于人与自然的关系，我们的祖先崇尚“天人合一”，自然景致往往带有“人化”的色彩，即自然景致与人的内在精神情态相联系，所谓“智者乐水，仁者乐山”“天地有大美而不言”“此中有真意，欲辩已忘言”。自然景致成为内化于人的精神情态并具有精神、情感意义的形象构成。湘菜厨师能够将饮食活动融于自然景致之中，正是基于这样的审美眼光。将生活情趣化、情调化，通过这种诗化的饮食之境来凸显人在某些生存境况下的生活意义。

（二）湘菜的社会美

审美风尚是社会在一定时期流行的审美趣味，不同的社会文化环境孕育出不同的审美文化，也孕育出不同的美学范畴。民俗风情、节庆狂欢、休闲文化、旅游文化等都是这种特殊的社会生活形态，是社会美的重要领域。

从古代开始，湖湘饮食就不仅是人为了适应生存的生物性的需要，也是为了适应精神生活的需要。湘菜美的审美对象是特定人群在特定区域和地理环境下，经过较长历史时期的演变，基于长期的共同生活、宗教信仰、共同的语言，具有共同的生活习惯和爱好，渗透进自然、社会、历史因素而升华形成的饮食审美倾向，这些特征通过特异的食料、食具、食技、食品、食规、食趣和食典展示出来，它和社会生活各个方面（从政治、经济到生活方式，从社会风气到社会心态）紧密联系，包含历史的、审美的意蕴。

（三）湘菜的艺术美

湖湘肴馔，形象生动，美观大方，拼摆堆砌，栩栩如生，其造型艺术独树一帜。一般意义上的造型艺术，是指在空间或平面上对有形世界作明显的、能为视觉所感受的描绘的艺术。而湘菜的艺术，是不仅能被视觉所感受，甚至能被嗅觉、触觉所感受的特殊艺术。它通过视觉形象，折射出千姿百态、五彩缤纷的现实世界。饮食烹饪的造型材料的本质属性制约着某些审美属性，它赋予饮食烹饪不同于雕塑、绘画的艺术特性。湘菜美的造型和其他烹饪要素一样，是人们出现了饮食烹饪审美要求之后的必然产物。

在湘菜的制作过程中，厨师以“借形抒情”为创作目的，崇尚把传统食材进行简约创新，进一步在美味佳肴中讲求平淡、稚拙的内容与形式。因此，湘菜隐含着主体对食料自身进行再设计的过程，而这一过程就是艺术再创造的过程。

（四）湘菜的科学美

湘菜注重对食材属性的理解，也注重对烹饪科学的掌握。比如湘菜烹饪过程中的美拉德反应、焦糖化反应，毛氏红烧肉、红煨八宝鸭皆是利用了美拉德反应和焦糖化反应赋予他们红亮的色泽；再如湘菜滑炒、红烧等菜肴制作过程中的勾芡就是利用了淀粉的糊化作用，糊化后的淀粉均匀包裹在原料表面，赋予菜肴色泽和亮度；再如鱼丸制作过程中，顺时针不停地搅打使鱼肉的蛋白质分子与水分子发生水化反应，使鱼蓉的持水性增加而更富弹性。烹饪科学的应用让湘菜的口感更丰富、品种更繁多。

（五）湘菜的技术美

技术美不同于艺术美，它不能撇开产品的实用功能去追求纯粹的精神享受，必须把物质与精神、功能与审美有机地统一起来。随着生产技术的发展和对食物知识的增加，湘菜厨师逐渐摸索出去腥、初熟、调味等方法，来改变食料的性质，以适应口味和身体的需要，并逐渐懂得了运用火烹、烧烤、曝晒、烟熏、风干、冰镇、发酵等手段加工食料，定向生产各类食品。再如湘菜制作中精湛的刀工、多样的烹调技法、调和技法无不体现了其刀工之美、烹调技法之美、调和之美，可以说湘菜的技术之美是湘菜美的实践基础。

四、湘菜的本体美

（一）色泽美

高级神经细胞的兴奋、抑制规律，给色彩表现中最基本的一对矛盾——对比与调和提供了科学依据。凡是以色彩为重要表现手段的艺术品，都必须通过色彩配置，形成一定的对比，以引起观赏者的注意。同时又必须通过作者的艺术处理，使这种对比达到调和。

色、香、味与形是人们对菜肴最直接的感官评价，色为感官评价的首位。美好的色泽不仅赏心悦目，还能增进人们的食欲。在烹饪艺术中，菜肴、面点或筵席菜点的整体色彩的优劣也取决于各种食品原料色泽间的对比关系处理得如何。对比鲜明柔和，则色阶清晰，表现出层次分明、色彩醒目的特点；对比模糊，色界含混，只能产生单调、灰暗、混乱的感觉。因而理想的调和要求画面各部分色彩在色相、明度和纯度上有变化，有差别。

如果各部分色彩之间差别太大，变化过分，画面上就不能形成和谐的色调。所以组成调和色彩的基本法则是："在统一中求变化，在变化中求统一。"也就是变化和统一适当结合。

（二）香气美

香气是饮食中带有的一种挥发性的物质，可以刺激人的大脑使人产生愉悦感，是诱发食欲的重要因素。菜肴的香气是组成美馔佳肴的重要因素之一。食物中的各种香气，鱼香、肉香、花香、蒜香、葱香、菜香、谷香，对于引起人们进食兴趣、振奋食欲是十分重要的。所以有"香气扑鼻，馋涎欲滴"之谚。《随园食单》中说："嘉肴到目到鼻，色臭便有不同，或净若秋云，或艳如琥珀；其芬芳之气亦扑鼻而来。不必齿决之、舌尝之，而后知其妙也。"一种美妙的香气，就能引起辨别外界物体气味的感觉——嗅觉的美感。在饮食活动中，嗅觉往往先于味觉，有时甚至先于视觉。在菜肴上桌前就可以嗅到阵阵袭人的芳香，顿时胃口大开；反之，嗅到异味、怪味，则可能引起食欲的消退甚至厌食。因此，提升湘菜香气美是湘菜厨师完成一份精美的菜肴所必须具备的基本能力。

（三）味道美

饮食直接作用于人的味觉而带给人美妙的感受。食以味为主，味道美是饮食美的主导因素。湘菜之所以香飘海内外，主要在于其味美，它是一门味觉的艺术。味之好坏，是饮食烹饪水平高低的决定性标准之一。一道菜品无论色彩如何鲜艳，造型如何精美，如果味道不好，是不能称其为美食的。可以说，视觉艺术产生了造型艺术（绘画、雕塑、建筑），听觉艺术产生了音响艺术（音乐），而味觉艺术则产生了饮食烹饪艺术。饮食烹饪艺术的目的就是对味觉的美化，因此味觉之美是烹饪美学最重要的部分。

（四）形态美

饮食除给人以味觉享受之外，还给人以视觉享受，除了色彩的搭配还有形态的塑造，因此它还是一种造型艺术。据《史记》记载，早在先秦时期，湘江流域就有了祭奠贡品讲究造型的传统，后来这种造型艺术被用在了宴席上，菜肴也就开始讲究形态美了。

食品造型艺术，是湘菜烹饪工艺中最突出的一个部分，也是湘菜上升为艺术、呈现形态美的一个重要手段。湘菜造型艺术的根本目的是刺激食欲，激发客人对造型食品的品尝欲望。湘菜造型的方式方法多种多样，如可用食品原料的天然形态造型，也可通过刀工、捏塑、雕刻、拼摆或镶嵌等方法造型，还可以借助鲜花、水果、蔬菜等来构图。湘菜的形态美是一种形式美，必须遵循形式美的法则，如对称、协调和统一等。

（五）质感美

湘菜菜肴均为多重质感，一般菜肴配料种类越多，菜肴的质感层次也就越丰富，特别是传统湘菜名菜，在食材选择、烹饪技术、风味特征、饮食文化方面均具有较好的代表性。湘菜名菜的质感集中体现在嫩、脆、酥、糯、烂、肥六类，其中每类质感中又可细化为多个相关质感。随着湘菜不断发展，其质感内涵更加丰富，例如“香煎粉蒸肉”的松脆软嫩、“衡东脆肚”的肥嫩柔脆、“辣椒炒海参”的弹滑脆嫩、“刨盐鱼”的紧实鲜嫩、“红煨蹄筋”的肥腴柔软、“雷公鸭”的油润酥软等，这些均是湘菜质感美的具体特征。

（六）名称美

中国人讲究含蓄，讲究韵味，喜欢犹抱琵琶半遮面，一个好的美食名称，不仅要悦耳动听，还要能引人遐想，在品尝美食的同时，能激发人们对中国传统文化的兴趣。比如湘菜宴席头菜“全家福”，寓意阖家欢乐，幸福美满；“百鸟朝凤”描绘了一幅欢聚一堂，其乐融融的景象；“鸿运当头”即湖南名菜剁椒鱼头，有行大运之意。

五、湘菜的周边美

（一）器具美

用餐需要仪式感，美食也要有美器来衬托。每个人对美都有追求，漂亮的餐具可以让食物看起来既精致又美味，反之，如果精心烹制的美食被放在一个普普通通的塑料饭盒里，食物立即就会“黯然失色”。湘菜饮食器具造型或清秀大方，或小巧玲珑，或庄重典雅，或富丽堂皇，可谓千姿百态；质地或温润光滑，或浑厚朴拙；纹样和色彩装饰更是争奇斗艳，优雅的青花，洁雅的白瓷，清新的原木都充分体现出器具的艺术性和装饰性价值。湘菜还讲究“因食施器”，不同的食物配上不同的器皿，相互映衬，相得益彰。如煎炒宜用盘子，汤羹宜用碗，煨汤宜用砂锅或瓦罐。

（二）环境美

环境美是湘菜周边美的重要组成，是消费者对湘菜企业形象美的直观感受。庭院美是湘菜环境美的重要表现形式，多数院子餐饮设计是以“柔和、灵动、自然之美”的理念，演绎出别具一格的写意潇湘美学。江景、湖景餐厅，依托自然美而又超越自然美，园林雅趣在湘菜高端餐饮中体现得淋漓尽致，设景有简有繁，有新有旧，传统和创新的融合美更是当代湘菜的潮流风向。

（三）宴席美

宴会与筵席本无太大的区别。宴会是聚会宴饮的一种进餐形式，具有一定的目的性，规模较大，气氛也较隆重。筵席，源于古人的进餐方式。“筵”与“席”均为竹编工艺品，宴饮时筵铺在地面，席覆在上面。古人席地而坐，饮食均在席上进行。其规模较小，气氛也较随意。湘菜的筵席，无论何种规格和形式都自始至终充满着丰富的美学内容和美学规律。同时又是多种审美的综合体，无论从理论上还是实际情况上讲，宴席都离不开美学。

第三节　学习和研究湘菜美学的意义

党的二十大报告指出要全面贯彻党的教育方针，落实立德树人的根本任务，培养“德智体美劳”全面发展的社会主义建设者和接班人。习近平同志指出，要扎根时代生活，遵循美育特点，弘扬中华美育精神。随着烹饪行业审美活动的发展（烹饪大赛、烹饪技能比武、职业资格考试），烹饪界越来越深刻地认识到烹饪美育对培养和造就全面发展的烹饪人才的重要作用。

一、学习和研究湘菜美学是继承和弘扬中国传统饮食文化的需要

饮食作为生活的基础，经过无数的演变与提升，逐步凝聚成为一种具有深厚内涵和独特魅力的文化。这种饮食文化，既体现了人类对于生活品质的不懈追求，也承载了历史、哲学、艺术等诸多领域的智慧。湘菜，作为中国饮食文化的重要分支，其美学价值不仅体现在色、香、味、形、器等多个方面，更在于它所蕴含的文化底蕴。湖湘先民通过对食材的精心挑选、对烹饪技艺的不断磨砺以及对味觉体验的深入探索，创造出了独具一格的湘菜美学。这种美学，不仅是对味觉的艺术化再现，更是对湖湘地区独特的自然环境、人文风情以及历史传统的生动呈现。

湘菜美学不仅是湖湘先民对人类的极大贡献，也是中国古代文化的重要组成部分，对于湖湘饮食文化的审美解读，往往隐藏着中国古代文化的精髓。无论是儒家思想中的“和”与“中”，还是道家哲学中的“自然”与“道”，都能在湘菜的制作与品尝过程中找到相应的体现。因此，学习和研究湘菜美学，不仅是对中国传统饮食文化的继承与弘扬，更是一次对中国古代文化精髓的探寻与理解。

二、学习和研究湘菜美学有利于在多学科背景下理解中国传统美学

我国古代的先哲们不仅仅是寄“育”于“食”中，他们也重视饮食活动中对美的追求，讲究食物的“形”美、“色”美、“味”美、“意”美等。

在器具上，讲究各种纹样与所盛之食之间美的搭配；在陈设上，讲究食物与各种场合的契合，要合乎礼、合乎美，让饮食活动不仅满足口腹之欲，更成为一种艺术的展现和文化的传承；在色彩上，追求美食自身的“色”美，注重食物色彩的搭配与和谐，认为食物的颜色应该鲜艳、诱人，不吃颜色不佳的菜肴，因为这不仅影响食物的外观，更可能影响食欲和心情。“味”美，则是中华饮食文化中最核心的追求之一。先哲们强调“五味调和”，认为食物的味道应该平衡、和谐，既不过于浓重，也不过于清淡，这样才能真正品味到食物的本味。此外，先哲们还注重饮食活动中的“意”美。饮食不仅是一种生理需求，更是一种精神享受。在品尝美食的同时，人们应该心怀感激、品味生活的美好，让饮食活动成为一种心灵的寄托和情感的交流。

由此可见，中华民族饮食文化不仅悠久和丰富，还在代代相传中自然地以美的饮食与饮食的美为价值追求，其思想及行为深深地影响着后人。

三、湘菜美学思想的研究、学习和推广能显著提高学生的美学素养

湘菜美学思想所倡导的审美标准和烹饪理念，能够引导饮食烹饪的表现形式趋向高级化、审美化。在湘菜的制作过程中，不仅注重食材的营养性和烹饪技术的精湛，更着眼于对精神内容的创造和对美的享受的追求。这种追求不仅体现在菜肴的色彩搭配、形状设计、味道平衡上，更体现在整个烹饪过程中的艺术化再现和审美体验的提升。

同时，湘菜美学作为一种陶冶人之性情、娱悦人之精神的审美文化，对培养学生的美学素养具有不可忽视的作用。通过学习湘菜美学，学生可以更加深入地感受到湘菜文化的独特魅力，提高他们对美的感受力、鉴赏力和表现力。这种美学素养的提升，不仅有助于学生在日常生活中更好地欣赏和品味美食，更有助于他们在未来的职业生涯中，以更加专业的眼光和更高的审美标准，去创造和呈现更加美味的湘菜佳肴。

四、学习和研究湘菜美学是构建和谐校园的最普遍的有效手段

湖湘饮食悠久的历史、深厚的内涵凝结着人类遵循美的规律来创造美和欣赏美的智慧，是人的本质力量对象化的典型，也是实现人的本质的最佳用武之地。湘菜美学凭借其基础性、普遍性、频繁性，以美的形象诱导为手段，以美感心理运动为中介，“润物细无声”地在美感滋养熏陶下，使人类饮食活动具有合乎“真”的内容，而成为“科学美”，以培养人的感受力、想象力、理解力；具有合乎“善”的内容，而成为“社会美”，以启悟人的人生价值观、塑造人的人格境界，最终促使学生成为真正“全面而自由发展的”人。

课后练习题

一、单选题

1. 湘菜美学是湖湘文化、( )与美学的结晶。

   A. 自然　　B. 社会　　C. 艺术　　D. 生活

2. 湘菜美学蕴含在湖湘饮食文化当中。湖湘饮食文化与湘菜美学，是由经济方式所决定的生活形态和观念形态。这体现了湘菜美学的（　）性。

   A. 文化　　B. 思想　　C. 实用　　D. 交叉性

3. 湘菜制作中突出五味调和，体现了湘菜美学的（　）性。

   A. 文化　　B. 思想　　C. 实用　　D. 交叉性

4. 湘菜研究的是我们每天食用的美味佳肴，说明湘菜美学具有（　）性。

   A. 文化　　B. 思想　　C. 实用　　D. 交叉性

5. 我们的祖先崇尚“天人合一”，体现了湘菜的（　）美。

   A. 自然　　B. 社会　　C. 艺术　　D. 技艺

6. 饮食活动、饮食规矩体现的是湘菜的（　）美。

   A. 自然　　B. 社会　　C. 艺术　　D. 技艺

7. 在湘菜的制作过程中，厨师以“借形抒情”为创作目的，崇尚把传统食材进行简约创构，进一步在美味佳肴中讲求平淡、稚拙的内容与形式，体现了湘菜的（　）美。

   A. 自然　　B. 社会　　C. 艺术　　D. 技艺

8. 美拉德反应、焦糖化反应，体现了湘菜的（　）美。

   A. 自然　　B. 社会　　C. 科学　　D. 技艺

9. 暴晒、烟熏、风干、冰镇、发酵等手段，体现了湘菜的（　）美。

   A. 自然　　B. 社会　　C. 科学　　D. 技艺

10. “鸿运当头”即湖南名菜剁椒鱼头，有行大运之意，这体现了湘菜的（　）美。

    A. 自然　　B. 社会　　C. 科学　　D. 名称

二、判断题

1. 湘菜美学属于生活美学范畴。（　）
2. 从美的角度研究湘菜，不仅能让烹饪者的内心得到升华和超脱，也可以让消费者的审美情趣得到释放，让湘菜成为一种传递情感、陶冶情操的艺术品。（　）
3. 历史上人们最初产生美的概念就是美味。（　）
4. 湘菜美学的审美性一般包括审美意识、审美经验、审美修养、审美感官，以及一定的生理、心理结构和思维、想象能力等。（　）
5. 湘菜美学的审美判断，不同于科学判断，但它具有审美判断和实用判断的双重

性质。（　）

6. 构图，是在原料选择、加工后将各部分材料组合成一个整体的方法，讲究构图是湘菜家常菜与酒店宴席菜的主要区别之一。（　）
7. 对小型餐饮来说，湘菜美学没有意义。（　）
8. 学习和研究湘菜美学有利于在多学科背景中理解中国传统美学。（　）
9. 湘菜美学是研究湘菜的美学，跟饮食文化没关系。（　）
10. 美育能够促进社会和谐发展。（　）

三、思考题

1. 请阐述湘菜美学的概念。
2. 湘菜美学的特征有哪些？
3. 湘菜美学的研究内容有哪些？
4. 学习和研究湘菜美学的意义有哪些？

第二章 湘菜美学发展历史

烹饪中的美，是人人都能体验到的，又是被大众所忽视的。若我们用审美的思维与态度去考察烹饪文化，就会发现其中别有洞天。烹饪的美，为我们瑰丽的生活增添了色彩、情趣。它是人们对生活美的追求与享受，这种追求就是积极地充实人生。实际上，美早就孕育在饮食之中。后汉许慎的《说文解字》中的“美”字就是用食物（羊）来解释的，可知美最初就是从食物中感受到的味觉愉快，所以味之美是基本的美。以后关于饮食之美的词汇不断出现，如美酒、美食、美餐、鲜美、甜美等。可见，人类的审美意识与饮食烹饪密切相关。

据记载，距今200万年前的旧石器时代早期，长江流域就有了人类活动［《中国农业通史（原始社会卷）》］，他们先依靠群体的力量协作，把捉到的飞禽走兽、蚌蛤鱼虫活剥生吞，采集的果实根茎也是生吃。距今170万年左右，人类开始使用火来让食物成熟。火的使用让人类社会有划时代意义的进步，人第一次支配了一种自然力，从而最终将自己同动物区分开。远在50万年前，湖湘的虎爪山遗址就有古人类活动。距今30万年前，人类社会发展到早期智人时代，人类由原始人群向氏族制度过渡。“古代长沙大约在距今20万年前出现了最早的原始人类，他们茹毛饮血、刀耕火种、披荆斩棘，开拓着古老的长沙。”“洞庭湖流域自远古时代就有我们的祖先生活、繁衍，创造了独具特色的原始饮食文化，并且在中华文明起源的历史过程中，占据了重要地位。”

湖湘饮食文化源远流长，湖湘饮食的美学思想也在历史的更迭中逐渐发展成熟，以历史线索追溯，可以梳理出一条清晰的湘菜美学的发展脉络。

第一节　湘菜美学思想的萌芽

夏商周时期是中国古典美学思想的发端期，是中华民族审美意识的萌芽阶段。这一时期的饮食美学对整个夏商周时期审美意识的发展有导向性作用，是美学研究的重要组成部分，中国古典美学史以及夏商周时期美学史中的诸多观念都可以追溯至此。探究夏商周时期湘菜的美学，对研究这一时期的美学思想以及中国美学思想溯源有着重要意义。

一、夏商周时期的湖湘饮食器具之美

湘江、沅江、澧水流域及洞庭湖湖滨等地的商周遗址出土了许多造型奇特、制作精美

的陶食器、青铜器，最有代表性的是宁乡市月山铺出土的商代四羊方尊（图2-1）、宁乡市黄材寨子山出土的商代人面纹方鼎（图2-2）、醴陵市狮形山出土的商代象尊、湘潭市九华乡桂花村出土的商代豕（猪）尊、衡阳市包家台子出土的商代牛尊、常宁市出土的商代牺首兽面纹方尊、湘潭市青山桥出土的商代旅父甲尊、岳阳市华容县出土的商代牺首兽面纹圆尊、宁乡市黄材王家坟山出土的商代戈卣、常德市石门县出土的商代兽面纹提梁卣、长沙市东山出土的商代鸮卣以及湘潭市湘潭县青山桥出土的西周青铜觯和青铜爵等。说明湖湘先民开始注意烹饪之术，其肴馔已经有相当高的水平。

探究饮食历史的一个重要方面就是对饮食器皿的研究，从食器的打造到其在饮食过程中的运用，从所盛之物到使用功能，都是某一时期饮食文化的具体表现。在原始时期，陶器的出现成为新石器时代和旧石器时代的分水岭，人类从原始打磨石器的使用工具萌芽状态向前迈出了一大步。到了夏商周时期，随着农耕的普及与生产力的逐渐发展，人类告别了原始社会。

陶器的出现，是人类第一次用火将一种物质形态改变为另一种物质形态，也就是将柔软的黏土烧制成了坚硬的陶器（图2-3）。这一改变为人类吃的舒适提供了条件，从而大大改善了人类的饮食习惯，也促进了人类体质以及思维能力的进化。“神农耕而作陶”的传说认为陶的发明是神农氏在农耕活动中逐步实现的。随着陶制食器的产生发展变得更加多样化，人类也正式进入到饮食更加完善的熟食期。这可以说是人类器具发展史上的第一次飞跃，使人类的饮食状况焕然一新。

此时，人类的思想不断变得广阔，饮食器具除陶器之外，青铜器也开始发展和盛行。同时，夏商周时期的造型艺术同这一时期美学思想的萌芽关系紧密，艺术作品的创作以及审美主体对其产生的审美萌芽，是相关美学思想出现的基础。也就是说，艺术作品的发展在很大程度上是美学思想发生、发展的条件。特别是在历史上曾经产生过重大影响的美学思想，它的产生更是与一定历史时期艺术的繁荣分不开的，在这一时期具有高度造型艺术的代表性历史物件是青铜器，此时青铜器的体积之大，造型之精湛都显示了夏商周时期青铜器造型艺术的巨大成就。与遗留较少的建筑、绘画相比，青铜器的大量遗存是这一

图2-1　商代四羊方尊

图2-2　商代人面纹方鼎

图2-3　新石器时代陶釜

时期造型艺术研究的重要历史论证，对彼时的审美意识有着鲜明的体现。

夏商周时期的审美意识是中华民族审美文化的源头，是中华民族艺术创作的根基所在。琳琅满目的饮食器具装饰纹样与造型中，蕴含丰富的形式美，是萌芽状态的审美特性，对中华民族艺术审美特质的形成起到了重要的铺垫作用。这一时期的饮食器具在向后人展示中国古典美学中审美意识产生初期的风格与气质的同时，为造型艺术的进步奠定基础，也为后人审美意识趋于一般性的理论化和概括提供了依据。

二、夏商周时期湖湘饮食活动之美

中华饮食文化活动在夏商周时期逐渐发展丰富，时至周代，繁荣的礼乐文化成为这一时期饮食文化活动中极具代表性的内容，也为后世饮食文化活动的扩展打下了基础。

在夏商周时期主体的审美意识中，“美”大都与味觉带来的舒适感相关，审美主体“甘”“美”“旨”“善”等满足感都是从味觉开始，源于饮食，因此古代学者常常以“甘”来释义“美”，以“善”来释义“美”。在满足于日常饮食需求的“味美”之后，夏商周时期先民的审美视域才逐步向其他感官领域发展。由此可见，夏商周时期美学史以及夏商周时期饮食观念中，味觉感受都是重要的美学界定。

《吕氏春秋·本味篇》：“汤得伊尹，祓之于庙，爝以爟火，衅以牺猳。明日设朝而见之，说汤以至味。”伊尹是商汤时期著名的政治家，也是一位烹饪大师，他认为：“凡味之本，水最为始。五味三材，九沸九变，火为之纪。时疾时徐，灭腥去臊除膻，必以其胜，无失其理。调和之事，……。若射御之微，阴阳之化，四时之数。”“味之本”，指的是食材本身天然的味道，经过烹饪产生美妙的“至味”。

湖南主要是楚人和越人生息的地方，多民族杂居，饮食风俗各异，祭祀之风盛行。汉代王逸《楚辞章句》解释《九歌》时说：“昔楚国南郢之邑，沅湘之间，其俗信鬼而好祀，其祠必作歌乐鼓舞以乐诸神。”每次祭祀活动总是宴饮伴随着舞乐的形式出现。祀天神、祭地祇、拜祖先、庆婚娶、办丧事、迎宾送客都要聚餐。对菜肴的品种有严格要求，在色、香、味、形上也很讲究。

公元前300多年的战国时代，伟大的诗人屈原被流放到沅湘流域（今湖南），写出了著名诗章《楚辞》。其中的《招魂》和《大招》两篇就反映了当时的这种祭祀活动中丰富味美的菜肴、酒水和小吃情况。《招魂》中有一段这样的描写：“室家遂宗，食多方些。稻粢穱麦，挐黄粱些。大苦咸酸，辛甘行些。肥牛之腱，臑若芳些。和酸若苦，陈吴羹些。胹鳖炮羔，有柘浆些。鹄酸臇凫，煎鸿鸧些。露鸡臛蠵，厉而不爽些。”意思是吃的菜肴丰富多彩。大米、小米、穱麦、黄粱随你食用。酸、甜、咸、苦，调和适口。肥牛的蹄筋又软又香。有酸苦风味调制的吴国羹汤。有烧甲鱼、烤羊羔，还有甘蔗汁。有醋烹的天鹅、焖野鸡、煎肥雁，还有卤鸡和炖龟肉汤，味美而又浓烈，香气经久不散。

《大招》里还提到有“楚酪”，即乳浆；“醢豚”，即小猪肉酱；“苦狗”，即加少许胆汁调和的狗肉；“炙鸹”，即烤鸹；“烝凫”，即蒸野鸭；“煎鲼”，即煎鲫鱼；“臛雀”，即黄雀羹等菜肴。由此可知，在当时湖南先民的饮食生活中已有烧、烤、焖、煎、煮、蒸、炖、醋烹、卤、酱等十来种烹调方法。所采用的原料，也都是具有楚地湖南特色的物产资源。此外，根据《楚辞》的记载，当时的小吃也是很有特色的。屈原这样描写：“粔籹蜜饵，有餦餭些。瑶浆蜜勺，实羽觞些。挫糟冻饮，酎清凉些。华酌既陈，有琼浆些。”解释为白话意思是：“米面煎的甜点味道真香，上面还满涂着麦芽糖。浓郁的美酒甜得像蜜一样，满满的一杯又一杯，细加品尝。再喝一点冰镇的酒酿汤，遍体都会感到清凉。酒宴当前，尽兴舒畅，这儿有饮不完的玉露琼浆。”上述这些，都说明了早在战国时期，湖南先民的饮食生活相当丰富多彩，烹调技艺相当成熟，形成了酸、咸、甜、苦等为主的南方风味。

三、夏商周时期湖湘饮食思想之美

湘菜美学乃至中国美学中另一个极为重要的美学概念是“和”。《诗经·商颂·烈祖》曰：“亦有和羹，既戒既平，鬷假无言，时靡有争。”想必“和羹”也有着颇为重要的地位，《诗经》以及《左传》《尚书》等典籍中多次提到“和羹”。殷商时期就有“若作和羹，尔惟盐梅”，以做汤调和味道需要调味来比喻殷高宗治理天下应有贤能之人相辅佐。时至周代，饮食制度日趋完善，在官员分类中也产生了分工明确的食官。西周统治阶级饮食讲究因时而异：“凡和，春多酸，夏多苦，秋多辛，冬多咸”，便是宫廷食医制定的饮馔原则。也就是说，在这一时期的饮食中就已经产生了对“和谐”“协调”的探求。东周时期百家争鸣，在思想上无绝对的统一，人们对饮食调和的认识也变得更为深刻。

《吕氏春秋·本味篇》如此记录“调和之事”：“必以甘、酸、苦、辛、咸。先后多少，其齐甚微，皆有自起。鼎中之变，精妙微纤，口弗能言，志弗能喻……故久而不弊，熟而不烂，甘而不哝，酸而不酷，咸而不减，辛而不烈，淡而不薄，肥而不腻。”“调”是把握多种食物材料的口味和性质，在烹调的过程中不断达到和谐共融，使食物在口感上更能引起品尝者的食欲。“和”作为审美观念在夏商周时期被提出，此时还是一个较为模糊的总结。“和”的观念在中国古代文化意识中积淀已久，既源于对审美对象赋予的和谐感受，又来自自身文化意识形成的习惯和习俗。“和”是“五味”“五色”“五声”之间关系的纽带。

（一）道家之“天和”

道家思想中的“天人合一”则更为纯粹，是人与万物之宗的“道”之间的“和”，我们称之为“天和”。道家以自然规律秩序以及虚静无为为契机，重视“道法自然”“辅万物而自然”的“天和”思想，渗透出随圆就方、顺应自然的观点，认为不违背自然的道才是天地万物的原初所在。老子思想中蕴含着崇尚自然的“天和”思想，有着一定程度的客观原因。老子是“周守藏室之史也”，在周朝担任史官一职。从文化角度看，儒家孔孟代表周鲁文化，道家老庄则代表荆楚文化。受到楚国农业、政治和文化等多方面因素的影响。老子思想中道与自然关系的论述，受到楚国农耕种植和水利修建等生产经验的影响，与农业发展中的顺应自然相符合。《周礼·地官·稻人》“以潴蓄水，以防止水，以沟荡水，以遂均水，以列舍水，以浍写水，以涉扬其芟作田”的水利发展；《老子道德经·第八章》“上善若水，水善利万物而不争”都是道家“天和”思想的印证。

（二）儒家之“人和”

儒家以遵循社会道德规范以及政治制度为目的，强调“礼之用，和为贵”的“人和”氛围，注重对尊卑长幼等伦理观的维持，涉及礼仪之道。《论语·学而》中道：“礼之用，和为贵，先王之道斯为美。”礼字源说为“堂”字，从象形解释古代行礼，是将玉石盛放在礼器之上供奉神明。到了周代，更多地向人伦道德进行渗透，“尊礼尚施”“近人而忠”“事鬼敬神”渐渐远离祭祀仪式，从带领人们祭拜鬼神过渡到“远鬼神”而“近人”的层面。以孔子为代表的儒家的饮食思想与观念也可以说是古代中国饮食文化的核心，它对中国饮食文化的发展起着不可忽视的指导作用。儒家所追求的平和的社会秩序，也毫不含糊地体现在饮食生活中，这也就是他们所倡导的礼乐的重要内涵所在。

从审美的角度出发，夏商周时期的饮食是中华饮食文化丰富意蕴美的来源，表现在先民饮食的整个过程中。食物的储藏、烹饪，食器的铸造、陈列，进食的典章、礼仪，整个脉络细致清晰，体现出了普遍积极的审美情趣。夏商周时期是人类审美意识的形成初期，饮食行为的细节成为此时受关注的重要审美对象之一。当然这一时期的审美意识从本性上说，带有一定的唯心主义。

第二节　湘菜美学思想的丰富与发展

汉代社会的空前统一极大地影响了汉代人们的饮食生活，物质生活的提高也带动了这一时期人们对精神生活更高一步的追求。汉代是中国美学思想发展过程中承上启下的重要时期，产生了诸多对后世影响颇深的美学理论。中国古代的美学思想，尤其湘菜乃至其他菜系中的“味”“中和”等审美理论在先秦时期开始萌芽，汉代得到高度发展，为之后的诸多美论的形成产生奠定了坚实的基础，各家如儒、道的美学初步建构也是到汉代才终得完成，后世许多基本的审美理念、审美理想等都受到这一时期审美思想发展的影响。

汉代是中国传统文化总体意义上的承前启后的枢纽，也是湖湘饮食乃至中国饮食文化第一个丰富时期。汉代饮食在饮食审美实践的基础上发展了一系列重要的饮食审美观念，为最终形成中华民族特有的饮食美学观念、风味、习俗和享受食物的生活态度奠定了基本的框架结构。在这一时期，空前统一的中央集权以及高度发达的国家政治、经济、文化实力，进一步影响了以儒、礼为代表的饮食审美观念，呈现出一种独属于这一时期的品性与特色。

一、两汉时期的湖湘饮食器具之美

鼎最初是用作烹煮食物的器皿，在先秦时期主要作为祭祀时的礼器，湖南宁乡出土的四羊方尊就属于祭祀用的礼器。春秋战国时期，传统礼制受到冲击，社会动荡不安，至汉初时，用鼎制度已经名存实亡。因此在汉代，鼎主要用来做盛装食物的器具，长沙马王堆遣策中，就有“狗羹一鼎”“牛首羹一鼎”“羊羹一鼎”的记载。

除常见的铜制之外，汉代时湖湘地区还多了更为精美的漆制。杯是汉代主要的饮器，用以盛装羹、粥及酒、水等，又作“桮”“柸”“杯”，大约在春秋时期出现，到汉代已经十分流行。《史记·项羽本纪》中提到：“必欲烹而翁，则幸分我一杯羹”，其中“杯”就是作为盛羹的器皿出现的。杯也称为耳杯，亦名羽觞，一般杯身呈椭圆状，两侧有弧形杯耳，浅腹、平底，杯耳处常有以金、银、铜等金属制成的薄片镶扣。马王堆一号汉墓中出土的漆耳杯（图2-4）中，除写着“君幸酒”字样之外，还有些写着“君幸食”，由此可知漆耳杯不仅是酒器也是盛装食物的器具。

壶是用来盛放酒或食物的器具，马王堆一号汉墓出土的遣策中有记载“漆画壶一有盖盛温酒”“漆画壶二皆有盖盛米酒”等字样。但是也有用壶装其他食物的情况，嘉庆年间在江苏甘村发现的汉壶装着清水，河南洛阳烧沟汉墓出土的壶中还装着粮食。凤鸟云纹漆圆盒（图2-5），盒内盛有饼状食物，遣策称其“盛黄白粢、稻食、麦食”。

图2-4 漆耳杯

图2-5 凤鸟云纹漆圆盒

除上述主要的饮食器具之外，汉代还有其他诸如铜、卢、瓮、瓨、勺、角等器物。汉代丰富的饮食器具，不仅美化了这一时期的饮食生活，也丰富了人们的饮食趣味，美食配美器一直以来就是中国人民对饮食生活的追求，因而对汉代饮食器具的研究也必然成为研究汉代饮食审美文化的重要物质材料。

二、两汉时期湖湘饮食物产之美

汉代是我国封建社会逐渐成熟的阶段，空前统一的社会使这一时期的经济蓬勃向上、生机盎然，食品种类较先秦时期有较大的飞跃。部分马王堆一号汉墓出土实物及312枚遣策中记录的随葬食品，一半以上都是记载食物的，其中主要有肉食类、调味品、饮料、主食、果品、菜肴6类，有150种之多。主食主要有饭和粥，用稻、麦、粟烹制而成，还有未烹的粮食和酒曲等盛在麻袋中。饭分熟饭、黏饭，熟饭有稻米饭、麦米饭、黍米饭、黄粟饭、白粟饭；黏饭为添加其他食物烹制的饭食，有黍枣黏饭等。果品有枣、梨、李、梅、笋、元梅、杨梅等。肉食类馔品有各种羹、脯、脍、炙。肉羹类有5大类24种，即大羹、白羹、巾羹、逢羹、苦羹，大羹为不调味的淡羹，原料分别为牛、羊、豕、狗、鹿、凫、雉、鸡等。用纯肉烧的称大羹，是羹中最好的，有9种，均为浓汤。

饮食品种的增加与烹饪水平的提升，使得汉代人对精致饮食的要求进一步提升，尤其体现在对烹饪技法的高度重视上，这也是汉代饮食审美中饮食形美的重要体现。煎、炙、煮、腌、炒等都是汉代典型的烹调技法，甚至根据不同的饮食口味会选择不同的烹调方法。“洿养之鱼，脍其鲤鲂。分毫之割，纤如发芒”，将鱼肉切的极其细致，如发丝一般，虽然带有一定的夸张色彩，但也可以看出汉代人们对于“脍”这种食物形态的一种极致的美的追求。

饮食之所以被称为一种审美文化，恰恰在于它的审美体验是多重的，在满足基本的饱腹需求后，人们开始追寻更高层次与境界的饮食生活，这一切都与味觉体验脱不开关系，在汉代饮食审美中，味之美是第一位的。汉代人们对于食物的天然原味与经过烹调后的隽美之味的追求，也是审美意识对单纯的感官体验的感性渗透。马王堆一号汉墓出土实物及312枚遣策中记录的随葬食品中，调味品主要有脂、鱿、饧、豉、醢、盐、菹和齑，共8类19种，以咸味为主，五味俱全。

图2-6　竹简《十问》

马王堆汉墓中出土的竹简《十问》（图2-6）中提到：“饮走兽泉英，可以却老复壮。”其中“走兽泉英”指的就是牛羊奶。在汉代时，人们对于这种乳类饮品的评价很高，认为其营养性很高，这种饮食营养对湘菜后来的原料配伍和一日三餐的饮食搭配影响深远。

三、两汉时期的湖湘饮食思想之美

汉代养生学在五行学说与“五味调和”的双重影响下也有了长足发展，从“五味”需根据四时的变化进行调整，到五行、五味与人体五脏之间的相生相克，只有保证人体内的和谐与平衡，才能真正获得长久的养生之道。“五味调和”理论对汉代的饮食养生有着不可忽视的影响，成为汉代饮食的特色之处。从汉武帝“遣方士入海求蓬莱安期生之属”到汉章帝“特留苍，赐以秘书、列仙图、道术秘方”，以及汉桓帝“好神仙事”，这种追求长生不老、祈求永寿的风潮，在饮食方面最直接的体现，就是掀起了一阵养生热潮。在马王堆汉墓出土的文献中明确提到了饮食与养生的关系，“酒食五味，以志治气，目明耳葱（聪），被皮革有光，百脉充盈，阴乃盈生”，认为按照“五味”的饮食原则，可以在一定程度上达到耳聪目明、莹润皮肤、充盈百脉的效果，从而说明饮食与长寿的关系，由此可见在古代湖南先民就已懂得饮食的“养”之美。

任何事物都不可能脱离整体而存在，美只存在于事物的多样性的统一之中，这种多样性的统一就叫作“和”。在饮食文化中，“和”与“味”是两个无法分开的概念。甚至“味”的最高审美境界就是“和”。这些通过调和所得到的味觉体验甚至被誉为“天下之至美”，生动表现出人们在精致的饮食生活中所得到的令人愉悦的精神体验与美好享受，这是人们对美食最基础的诉求。

第三节　湘菜美学思想的融合发展

隋唐300多年间，中国封建社会政治经济和文化空前发展，人民的物质生活水平也大大提高。唐代经济繁荣，交通便利，文人墨客畅游天下，湖湘成为他们理想的旅游目的地。

宋代是生活审美意识蓬勃发展的时期，商品经济的空前繁荣使宋代生活呈现出新的图景，促成了饮食文化的蓬勃发展。“重文取士”的文化政策致使宋代处处弥漫着“大宋风雅”。宋代文人浓厚的文化修养与淡雅情致造就了更为细腻有品位的饮食观念，宋代饮食文化随之呈现出文人化与审美化的风格特征，宋人审美水平也随之大幅提升，审美意识的觉醒与美学思想的变革致使湖湘饮食乃至中国饮食审美文化翻开了新的篇章。

一、唐宋时期湖湘饮食的物产之美

唐中宗时，李峤有《橘》：“万里盘根植，千秋布叶繁。既荣潘子赋，方重陆生言。

玉花含霜动，金衣逐吹翻。愿辞湘水曲，长茂上林园。”歌颂湖湘柑橘之美。两宋时期，湖湘地区充足的烹饪原料为饮食业和烹饪技艺的发展提供了有利条件。粮食除原有的稻谷之外，还引进越南的占城稻进行种植，产量有明显的提高。家畜有猪、牛、羊、狗等，家禽有鸡、鸭、鹅等；鱼有鲤鱼、鲢鱼、鲫鱼、银鱼、白鱼等，河鲜有虾、蟹、鳅、鳝、蛙等；蔬菜有萝卜、莴笋、芋头、山药、荸荠、笋、藕、白菜、芥菜、菠菜、苋菜、茼蒿、茄子、菌类等；调味料有葱、蒜、姜、韭菜、香菜等；植物油料有芝麻油、菜籽油、花生油、茶油等；水果类有杨梅、樱桃、桃子、梨子、李子、橘子、荔枝、龙眼、柑、柚子、西瓜、甜瓜等。

李商隐《洞庭鱼》首句“洞庭鱼可拾，不假更垂罾”，就生动地描写了当时洞庭湖流域水产之丰富。这些丰富的物产为湘菜美的创造提供了物质基础。

二、唐宋时期湖湘饮食的味之美

唐宋时期，调味之术的主要成就并不在于如何烹制出口味统一的佳肴，而在于能用多种烹调方法，运用多种食物原料和调味佐料，烹制出酸、甜、苦、辣、咸、麻、鲜等基本味和麻辣、咸鲜等复合味的美馔佳肴来。唐代湘菜的调味方法的主要有三种。一是通过食物的本味来调味。本味首见于《吕氏春秋·本味篇》，意思是指食物原料本身所具有的独特之味。唐代孙思邈《千金食治》云：“米饭甘，麻酸，大豆咸，麦苦，黄黍辛，枣甘，李酸，栗咸，杏苦，桃辛，牛甘，犬酸，豕咸，羊苦，鸡辛，葵甘，韭酸，藿咸，薤苦，葱辛。”这种把每一种食物原料都和五味简单相配的做法，虽然不能完全描述出它们的本味，却反映出人们已认识到每一种食物原料都有其独特之味，而高明的烹饪大家会充分发挥每一种食物原料的自然美味。二是通过多种食物原料的混合配制来调味，如岳阳临湘的名菜“桃林丰锅”，将大块的腊肉放于锅底，再在上面一层层地铺上油豆腐、萝卜、香菇、白豆腐、白菜、粉丝、黄花等，荤素搭配，营养恰到好处，豆类、肉类、蔬菜的味道相互补充，成菜别具一格。三是通过各种调味品来调味。唐代时湖湘地区的人们主要用醋、酱、豉、油、椒、姜、葱、蒜、芥等调料以去除食物原料中的腥膻之气和增加肴馔中的香气，如唐人食用鱼脍时，往往要加入食醋以去鱼腥气，还要往鱼脍中添加橙丝（或橙齑）等调料以调香。

唐代初年，水芹菜最流行，价格低廉，湖湘先民用坛子里的酸水即古水醋制作成美味的醋芹，为魏征等清贫的士大夫所酷爱。永州东安芦洪市镇附近的村民，用自己养的三黄鸡加古水醋烹制了陈醋鸡即现在的东安鸡，以酸为“美”的饮食思想在湖湘诸多区域流传开来。东安鸡流传至今已有1000多年的历史，成为湖南名菜，受到了广大来湘宾客的赞扬。

三、唐宋时期湖湘饮食的色之美

色彩悦目，是美食佳肴必不可少的重要特征之一。悦目的结果，一是增进了食欲，二是陶冶了性情，和神娱肠两不失。唐宋时期，湖湘地区的人们在制作各种肴馔时就已经非常讲究色彩悦目了。食物原料的天然色彩、食物色素调色和烹色是唐宋时期食物色彩的三大来源。利用食物原料的天然色彩比较简单，也毋庸多言。利用食物色素调色在唐代已经比较常见了，如宫廷点心中的绿色用菠菜汁调色，此外烹色技艺也在这一时期被广泛应用，烹色是通过加热使食物出现的颜色，如蒸煮的面食呈白色，烤炸的面食呈黄色。对烹色的利用在很大程度上取决于厨师的烹制技术，如一般烤炙的肉类多呈红色，而唐代使用间接烤炙法烤炙的牛羊肉则呈白色。

四、唐宋时期湖湘饮食的造型之美

与主食相比，唐宋时期的副食菜肴更讲究造型的优美。唐代时，湖湘菜肴的造型方法主要有三种：一是利用食物原料的自然形状造型。这种造型方法能够体现原料本身的面貌特色，具有质朴的自然之美，显得朴素大方。与后世不同的是，唐代时不仅形体比较小的鸡、蛙、鱼、虾等被整体烹饪，以保持整鸡、整蛙、整鱼、整虾的自然形态，而且形体较大的羊、鹅等有时也被唐人整体烹饪，基本保持全羊、全鹅的自然形态。二是分割食物原料再次组拼造型，即将食物原料根据需要加工成块、片、条、丝、丁、粒、末等一般形状与花式形状，并以此为单位再组成菜肴整体。这类菜肴的制作需要配合娴熟的刀工技巧，同时也是唐代菜肴造型的主要方法。如韦巨源《烧尾宴食单》中的羊皮花丝（长及尺）、八仙盘（剔鹅作八副）、蕃体间缕宝相肝（盘七升）、同心生结脯（先结后风干）、五生盘（羊、豕、牛、熊、鹿并细治）、缠花云梦肉（卷镇）、汤浴绣丸（肉糜治，隐卵花）等。其中，“羊皮花丝”据说是把羊肚切成细长之丝；“八仙盘”是将鹅剔骨后切作八份装盘；“蕃体间缕宝相肝”是以宝相花炮制后切丝，与切好的冷肝相间盛装的冷盘；“同心生结脯”是将生肉先打成结再风干的肉脯；“五生盘”是用羊、豕、牛、熊、鹿五种畜肉细切的脍拼制的花色冷盘；“缠花云梦肉”即现在的“肘花”；“汤浴绣丸”是绣球大小的水汆丸子。而比丘尼梵正制作的“辋川小样”则是一组极为复杂的荤素结合的大型冷拼。三是通过对食物原料进行雕刻造型。唐代用于雕刻的食物原料主要是蛋和各种蔬果，这种新的菜肴造型方法在唐代还不太普遍，人们一般只在“七夕节”才一展身手。

宋代时，利用食物原料的自然形状和分割食物原料再次组拼仍然是菜肴造型的主要方法。其中，在利用食物原料的自然形状造型方面，宋人一般只对形体较小的鸡、鸭、鱼、虾等进行整体烹饪，而形体较大的羊、鹅等食物原料则不见被整体烹饪的记载。分割食物原料再次组拼的造型方法得到了进一步的发展，宋代有不少以刀工细切而成的菜品，如

“虚汁垂丝羊头”“金丝肚羹”等，都是以刀工技巧的变化构成美观细致的菜品形状的。雕刻造型在宋代则得到了长足的发展，开始走出贵族的筵席，出现了普及化的发展趋势。

五、唐宋时期湖湘饮食的盛器之美

瓷器是唐宋时期使用最为普遍的饮食器具。瓷器耐高温，光洁度好，有很高的实用价值和欣赏价值。唐代制瓷的地域性特点是“南青北白”，即南方以制作青瓷（图2-7）为主，北方以烧制白瓷（图2-8）为主。

唐代，湖湘地区的瓷器在工艺水平和审美水平上，已经达到了全国最高水准。岳州窑的瓷器（图2-9），尤其是茶器，陆羽《茶经》有：“越州瓷、岳瓷皆青，青则益茶。”唐代六大名窑的茶碗岳州窑排名第四位。岳州窑（今湖南湘阴县境内）瓷胎在唐五代时较为轻薄，胎色早期呈红或米黄色，晚期为灰白色，釉色以青绿色居多，也有青黄色的。釉薄而质细，釉泡较小，玻璃质感很强，有不规则的细小冰裂纹，有流釉现象，这种流釉之美也是湘菜盛器美的一大特色。

《晋书》《魏书》记载，唐代制瓷名窑林立，岳州窑以彩瓷崛起，独步名窑之林，与浙江越窑、河北邢窑齐名，为唐代三大出口瓷窑之一，产品覆盖面广，有壶、瓶、杯、盘、碗、碟、砚、盂、坛、薰炉、脉枕等70余种。远销东亚、南亚、西亚，最远抵达非洲。而位于长沙的长沙铜官窑（图2-10）在岳州窑的基础上逐渐创造出一种独具特色的釉下

图2-7　唐代青瓷灶及青瓷储食器

图2-9　隋唐岳州窑瓷碟

图2-8　五代白瓷碟

图2-10　长沙铜官窑瓷器

彩陶瓷工艺，成为世界釉下多彩陶瓷发源地。铜官窑有模印粘花、刻划花、印花和镂空等装饰技法，绘画内容丰富多彩，以花草树木、飞禽走兽、山水人物为主。纹饰除花草、树木、鸟兽、鱼虫、人物、园林景观外，还有诗文书法，《全唐诗补：长沙窑唐诗遗存》整理有百余首，开创了诗文书法装饰瓷器的先河。

六、唐宋时期湖湘饮食的技法之美

变化多端的烹调技法不仅能赋予菜品不同的口味，还能赋予菜品不同的质感。用同一种方法烹饪，时间长短不同，所烹饪出来的肴馔的味道和口感也会有所不同。因此，烹饪方法越多，烹饪越富于变化，食品菜肴的口味也就越丰富。现代湘菜中大多数烹饪方法如炸、蒸、炙、煮、烤、煎、煨、酿等在唐代时基本上都已具备了，丰富多样的烹饪方法有助于烹制出各种美味。

蒸菜最早的记录是唐朝，据说著述《千金要方》的孙思邈特别喜欢吃蒸菜，潜心研究了许多蒸菜菜谱，并融入了药膳的思想和技法。晚年的孙思邈隐居的地方就是湖南浏阳，而浏阳则是湘菜中蒸菜最正宗的地方。这一时期的蒸菜所用原料种类非常丰富，火腿、腊肉、鸡蛋、茄子等都已是常用的蒸菜原料。此时的蒸菜主要以竹制的蒸笼蒸制，一来是竹子的透气性好，二来是竹蒸笼做的蒸菜可以让竹子的清香融入菜品中，使菜品别有一番滋味。

唐宋时期的烹饪技艺之美不仅体现在烹调方法的丰富，还体现在厨师高超的刀工技法。传统湘菜“怀胎鸭”制作时挑选较肥的鸭子，从脖子处开2寸（约6.6厘米）的小口，然后用刀一点点把鸭子的皮整个剥下来，注水而不漏。再精选虾仁、海参、瑶柱、火腿、肥膘、糯米、莲子，连同鸭肉切丁、入味。之后再入蒸笼，火候过了，鸭皮会爆裂，火候不到，鸭皮又太硬无法下筷。“龙女斛珠”为岳阳地区传统名肴。“龙女”传说，见于唐人小说《柳毅传》，今湖南洞庭君山有柳毅井遗址，此菜主料金丝鲤被誉为“龙女”，珠即湘莲，“龙女斛珠”由此得名。

第四节　湘菜美学思想的成熟境界

明清时期是我国文学艺术史上又一繁荣时期，一时文坛才子辈出，其中不乏美食家之誉的文学巨匠，最具代表性的人物当数明末清初的著名文学家与文学批判家金圣叹、著名戏曲创作家与文学理论家李渔、著名诗人与散文学家袁枚。明清时期湖湘人才辈出，这一时期的饮食也受湖湘名人的推动取得了长足的发展。

一、明清时期湘菜美学发展

明代湖湘的政治、经济、文化、交通发达，市场繁荣，湖南的烹饪技术进入黄金时代。湘菜在官府衙门内颇为盛行，一些达官显贵雇佣高级烹调师精制湘菜供其食用，在客观上促进了湘菜质量的提高和审美意识的发展，湘菜的独特风格也在这时初步形成。明代中期以后，商品经济出现了前所未有的活跃，旅游业包括民间旅馆、车船交通都得到很大发展，湘菜在用料、技法和装饰等方面多借鉴北方的鲁菜、南方的粤菜以及江浙菜的做法，体现出发展的兼容并蓄之美。李东阳辞官回到故乡，钟情于诗书、旅游，写有大量诗作，《茶陵竹枝歌》中写道："银烛金杯映绮堂，呼儿击鼓脍肥羊"，这也反映了当时饮食风俗之美。

清代，资本主义萌芽有了新的增长，商业较繁荣，湖湘的饮食文化发展非常旺盛。湖南旅游活动仍然以文人墨客为主。许多饮食文化著作都收录了有关湖湘饮食文化的内容。湘菜发展进入全盛时期，逐步形成全国八大菜系中一支具有鲜明特色的湘菜系。制作精致的菜肴必须有一定的经济实力和物质条件作为基础，湘菜品味质量的高度发展、烹饪技术的长足发展是在富裕之家以及官宦衙门中兴起的。官府衙门有着对京城大臣及官宦要员迎来送往的需要，商人贾客的贸易交往以及士大夫文人之间的唱酬往来要以饮宴的形式来联络感情。身处湖湘，当然用湖湘地方风味的特色菜肴款待，这客观上推动了湘菜的发展。生活水平的提升以及食客对湘菜品质的高水平要求，促使厨师更加注重湘菜美感的塑造。

长沙作为湖南的首府，湘菜发展状况尤其具有代表性。清代中期，长沙城内陆续出现了轩帮和堂帮两种湘菜馆。轩帮以经营菜担为主，出挑民家，承制酒宴；堂帮以经营堂菜为主，装饰门庭，开市招客，逐渐形成了长沙的十大菜馆，称为"十柱"，有式宴堂、旨阶堂、先垣堂、菜香圃、菜根香、嘉宾乐、庆星园、同春堂、六香园、烧香居。清代末期，堂帮的经营范围越来越广，从业人员越来越多，一些商贾和官衙的厨师相继开设菜馆，各自以招牌菜招揽生意、招徕食客。餐饮业的同行们为了交流并研究烹饪技术，便组织同业人员筹集资金在长沙城内的永庆街兴建厨业祖师的庙宇——詹王宫，作为结帮聚会的场所。在聚会中他们不断交流经验、相互切磋烹饪技艺，研制出一些特色名菜，湘菜烹饪技术理论也初步形成，湘菜的技艺之美更加凸显。

清末一品大员，曾任两江总督、南洋通商大臣的刘坤一是个美食家，为官40余年，遍尝大江南北各种美食。他博采众长，结合家乡崀山的特有食材，精心研制出《刘氏菜谱》。其中的"铁皮石斛炖喜鹊鸡"由于汤汁浓郁、口味香甜、肉质鲜嫩、营养价值极高，从原料、技法、口味和营养多角度展现了湘菜之美，据说慈禧太后品尝后，十分喜爱，后来专门赐给刘坤母亲一块"根深叶茂"的匾牌，至今还挂在崀山刘氏宗祠的横梁上。

永州血鸭是湘菜中的家常菜，也是湖南永州的一款传统名菜，具有美味、开胃凉血的特点，在永州几乎家家户户都会制作此菜。据说此菜的来源与太平天国运动有关，洪秀全率众将士攻打永州城，犒劳三军，厨师在煮鸭时发现鸭毛没有拔干净，为了掩盖鸭毛，厨师急中生智，把杀鸭时的鸭血全倒进了锅里一起烹制。结果大家胃口大开，个个吃得肚如战鼓，拂晓就大获全胜。庆功宴上洪秀全之妹洪宣娇将其命名为“永州血鸭”，经过历代永州厨界精英潜心钻研、精心烹制，永州血鸭以其独特的口味闻名于世。永州血鸭色泽红润，柔嫩顺滑，香辣兼备，将湘菜的色之美、味之美、香之美、质之美体现得淋漓尽致。

清末长沙成了湘军人物麇聚的主要场所，崇尚奢华蔚为风气。《清稗类钞》记载：“嘉庆时，长沙人宴客用四冰盘、两碗，已称极腆，惟婚嫁则用十碗蛏干席。道光甲申、乙酉间改海参席。戊子、己丑间加四小碗、果菜十二盘，如古所谓饾饤者，虽宴常客，亦用之矣。后更改用鱼翅席，小碗八、盘十六，无冰盘矣。咸丰朝，更有用燕窝席者，三汤四割，较官馔尤精腆。春酌设彩觞宴客，席更丰，一日靡费，率二十万钱，不为侈也。”可见当时的湘菜宴席之美已达到较高的水平。

二、清末至民国时期湘菜蓬勃发展之美

清末至民初这几十年，正是各大菜系风生水起的几十年，湘菜在这一时期的发展可以说达到了鼎盛时期，名厨、名菜层出不穷，至今仍有诸多名菜在湘菜厨师和企业中具有重要的影响力。

（一）清末湘菜代表菜

1. 生炒发丝牛百叶

清末回民黄维安从常德来长沙开设李合胜酒家，推出套菜“牛中三杰”，其中的“发丝牛百叶”以刀工见长，百叶细如丝缕，再混以同样粗细的冬笋丝，外观上无法分辨，夹一箸尝试却是柔中有脆，妙不可言。其时三和酒家业主柳三和却从黄维安将百叶先煮至七成熟再切丝的做法中看出机会，凭借自己的绝艺推出一道“生炒发丝牛百叶”，即洗净的新鲜牛百叶分块入杂骨汤中略焯，待其开始打挺即捞出，剔除外壁，切成细丝后配冬笋丝直接下锅油爆。这样的百叶丝，不仅刀工不输李合胜，火工则要更胜一筹，令人叹为观止。过去酒楼之间的竞争，大致都是这种情形。

2. 油淋庄鸡

油淋庄鸡系清末长沙豫湘阁酒家大厨肖麓松所创，该菜以葱、姜、花椒、盐等调味料腌透入味的整鸡上笼干蒸至七成熟，鸡颈绕环用铁钩挂起，再将烧热的上等茶油（油温不可过高）反复浇淋鸡身，直至鸡皮酥脆，然后斩块装盘。所谓“庄”，即1908—1910年

任湖南布政使的美食名家庄赓良，因为他的称许，这道菜使豫湘阁成了长沙城中上流人士争相光顾的酒家。

3．子龙脱袍

“子龙脱袍”是晚清长沙曲园酒家率先推出的名馔。这道菜以鲜活鳝鱼为主料，经宰杀、剥皮（剥皮这道特殊的工序被形容为古代武将脱袍，故名），切成火柴棒粗细的丝，辅以水发冬菇丝、冬笋丝、鲜红椒丝等，加入紫苏、胡椒粉、蒜蓉等调味料炒制而成。子龙脱袍在烹饪方面与传统家常制作炒鳝片的方法一脉相承，且在刀工上别出心裁，先将鳝鱼剥皮，再细切成丝，成为湘式烹调独特而具有代表性的一道菜肴。

（二）民国时期湘菜代表菜

1．糖酥排骨

“糖酥排骨”是20世纪初长沙名厨宋善斋经营潇湘酒家推出的名菜。一般而言，湘式烹调很少用糖，即使用糖如“红烧肉”，分量也很少，无非使口感醇厚些，并不大能吃出甜味。“糖酥排骨”却以糖为主要配料，得到顾客的普遍青睐。这道菜主料使用猪肋排尖（带脆骨的部分）剁成方寸块后用盐和一点点硝腌上半天，然后下到七成热的茶油中炸成金黄。上糖卤时卤汁中掺有醋和姜丝，为了使排骨中的酸味纯正、深沉，还要掺一些白梅汁。上桌后表面亮黄光泽，咬开来玫红的肉质与莹白的脆骨相映成趣，入口脆而不焦，油而不腻，甜中带酸，姜丝微辣爽胃，久嚼回味深秀绵长。

2．红煨土鲍

湖湘盛产河蚌，是由来已久的烹饪原料，民间自古习于用来炖猪肉、炒酸菜等，市肆则多用于红烧。至20世纪30年代，长沙文化名人萧石朋受聘为潇湘酒家顾问，将红烧河蚌加以改进，按照烹制鲍鱼的方法，将治净的大河蚌与鸡、猪肘等原料一起久煨入味，装盘上桌只取蚌肉和浓汁，以菜心拼边，命名“红煨土鲍”，推出后受到普遍赞誉，成为湘式烹调特有的菜肴。

3．花菇无黄蛋

20世纪初长沙四大名厨萧荣华、柳三和、宋善斋、毕河清，各怀绝艺，均为引领湘菜趋于巅峰的精英人物。四人中以飞羽觞酒家业主萧荣华成名最早，其制作的“花菇无黄蛋”“奶汤生蹄筋”“火方银鱼”“瑶柱蒜球”等菜，公认为难得的口福，而以“花菇无黄蛋”尤为著名。蛋以整只鸡蛋上桌，但有白无黄，口感柔嫩鲜美，爽滑异常。这道菜上桌时食客往往当作普通鸡蛋看待，起初不大在意，及至下箸，不禁惊叹不已。

4．苋菜梗子烧面筋

程颂万府中世传家菜。20世纪初，程颂万在曲园酒家饮宴时将这道菜授予厨下，命名为“烧素蹄筋”，获得一致称赏，成为湘菜名馔。至20世纪40年代初，其孙程之客寓衡阳，适遇故友丁子钦开设远东酒家于东华门，程之以这道菜的制法相赠，远东酒家居然得以称雄于市。

5．祖庵豆腐

谭延闿，字祖庵，谭厨曹荩臣制作的祖庵豆腐，工艺极繁复，用料和操作程序与烹制鲍鱼相类似，为粗料精作的经典菜式，可见名菜未必采用珍稀，出类拔萃的技艺才是根本。

三、民国时期湘菜美学的发展

民国时期，湘菜名店不乏外籍商业移民来湘经营，要么店主为外来客商，要么聘请名厨为异地厨师。老字号名店九如斋便是江苏人饶菊生于1915年创办。三吉斋南货店，清道光六年（1827年）浙江绍兴人徐氏开办，其所制绍饼、结糕、腐乳、霉干菜、芝麻酱，当时均博盛誉。朱稻香村食品店为浙江人朱友良于1915年所开，经营江浙风味的金钩鲜肉饼等苏式点心，其所产五香花生米对现今长沙炒货业产生深远影响。徐长兴烤鸭店为南京徐沛斋来长沙开设，原名清真南京徐长兴烤鸭店，首创“一鸭四吃”，即“薄饼烤鸭”“鸭鲜小炒”“鸭油蒸蛋”“豆腐鸭架汤”，其风格既有南京的鲜甜风味（薄饼烤鸭蘸甜面酱），又有湖南本埠的香辣风味（鸭鲜小炒为鸭肉丝、玉兰片和辣椒同炒），“一鸭四吃”现在成为湘菜的代表性菜肴，也体现了湘菜包容并蓄之美。李合励则是长沙著名的回民餐馆，始于晚清，以出售牛杂起家。20世纪20年代名厨黄淮安创“牛中三杰”，即“发丝牛百叶”“红烧牛蹄筋”“烩牛脑髓”，著称于长沙市。其中“发丝牛百叶”融合了典型的湖南风格，以水发玉兰片，掺以红辣椒、干红椒末、牛清汤、葱段为调料。菜入口时，汁从牛百叶中透入口中，酸、辣、咸、鲜、脆五味全部溢出，因发丝牛百叶刀工精湛、酸辣爽口、食之爽脆，后成为湖南传统名菜，“发丝牛百叶”也成为体现湘菜技艺美的最佳载体。

湘菜烹饪技术的迅速发展，导致大师辈出，各种流派的菜式争奇斗艳，为湘菜美的发展奠定了坚实的基础。民国早年著名的流派有戴明扬派、盛善斋派、萧麓松派和以湖南军阀谭延闿的家厨曹荩臣创立的祖庵菜派等。各个流派各擅其长，戴明扬派博采众长，稳健充实，集湘菜之大成，体现了湘菜的古典美；盛善斋派改革宴席餐具，率先采用长筷、大盘，使桌面的气势更为舒朗美观；萧麓松派不拘泥师古，着意创新，可以说是体现了湘菜发展中的改革之美；祖庵菜派广纳天下奇珍，别出心裁地推陈出新，祖庵鱼翅饮誉三湘，是湘菜近现代美的代表。

第五节　改革开放后湘菜美学现代化思潮

全国餐饮收入从1978年的54.8亿元升至2023年的52890亿元，攀升超965倍。我国的餐饮行业在改革开放的40多年间，经历了从基础薄弱开始逐步发展至在扩内需、促消费、稳增长、惠民生等方面起到举足轻重的作用。从最初的“吃饭难”到后来的“吃得饱”，再到现在“吃得好”“吃得美”——中国餐饮业伴随着改革开放走过了辉煌的40多年。这期间湘菜也伴随着湖湘经济快速发展，人们开始重新认识传统膳食，不仅有食物的丰富多样化，人们对就餐环境和就餐体验的要求也越来越高，湘菜的审美需求也日益增长。

一、当代湘菜的美学发展

20世纪80年代初，年逾七十的舒桂卿、周子云、袁国卿等经典湘菜的传人，虽已至暮年，依然壮心不已，云集玉楼东恢复时的前身实验餐厅中带徒传艺，在这一蓬勃向上的学习氛围中，长沙全市餐饮界掀起学技术热潮。许菊云、王墨泉、谭添三、张力行、聂厚忠等湘厨群雄而起，成为复兴湘菜的中坚力量。传统湘菜在他们身上得到了继承、发展和传播。1985年，为了扩大经营，振兴湘菜，更改了实验餐厅这一名号，恢复玉楼东老字号。与传统湘菜品牌不同的是，玉楼东不墨守成规，既对历史文化有考究，又对现代社会有观察，在继承传统优秀湘菜文化的基础上融入现代元素，在继承中创新，除了供应麻辣仔鸡、汤泡肚尖等数百种传统名菜，保留玉楼东的传统风味，同时也采取外部吸收、内部创新的办法，推出海味、气锅、火锅、罐焖、铁板、牛百叶、甜菜、素菜八大系列160多个品种。同时将一些在烹饪大赛中获奖的菜肴推向了餐桌，如“柴把鳜鱼”“发丝牛百叶”“酱汁肘子”“龙舟载宝”等。在众多的名菜中，无不以技艺精湛和风味独特著称。

随着改革开放的不断深入，20世纪90年代，湖湘饮食开始分化出不同分支，迅速形成酒店餐饮、社会餐饮及快餐与家常饮食，并开始了全国范围的连锁经营和品牌经营。从长沙出发，一是向外省扩展，在北、上、广、深密集开花，在全国30多个省、自治区、直辖市同时铺开；二是在省内的长沙周边城市和经济、旅游基础好的城市发力，强化湘人食湘的意识。湘菜也形成了菜品挖掘、菜品研发、菜品提升、菜品预制、菜品推广的有序进行，湘菜厨师开始流动性作战，实行学习本土、集中输送、回顾湖湘、带出湘菜的战略，在全国树立了大批湘菜名店、名菜的典型，形成了“湘菜效应”。

二、当代湘菜的美学特征

2001年中国加入世界贸易组织，中国经济与世界经济加速融合发展，成为促进世界经济发展的重要引擎之一。20多年来，我国的经济贸易成就表现突出，对外贸易总值增长速度长期显著高于GDP增速。人民收入水平的提高，促进了餐饮行业的快速发展，2023年全国餐饮企业收入52890亿元，充分展现了餐饮行业顽强的生命力，湘菜产业已成为支撑湖湘经济发展的千亿产业。湘菜在审美领域的发展主要体现出以下特征。

（一）当代湘菜的科技美

科技改变生活，科技创新生活方式，科技也能创新饮食模式。分子烹饪是在20世纪80年代由法国科学家Herve This和牛津大学物理教授Nicholas Kuri共同创造的，将化学、物理学等科学原理（物质的胶凝作用、乳化作用、增稠作用、升华作用、水化作用、发泡作用、抗氧化作用、交联反应、脱水反应、异构化反应等）运用到烹饪的过程、准备及原料当中。分子烹饪的研究优化了烹调方法，可以帮助厨师对传统烹调技法及菜品的形貌进行颠覆、解构和重组，最终创造出饮食的全新视觉、味觉和口感。这种以科学研究为基础的烹饪，其最大的价值在于颠覆传统的烹调方法，改变传统的饮食习惯，也让消费者感受到科技给饮食生活带来的美的享受。

除了分子烹饪，以工艺产品为主的菜肴装饰产品层出不穷，大有逐渐取代传统雕刻或盘式之势。三维立体盘式垫纸、盘式撒粉模具、西餐装饰花、酒店用转印布、冷热菜造型硅胶模具等，极大地提高了菜品的审美特性，减轻了厨师的工作强度。

（二）当代湘菜的融合美

粤菜、川菜的调味品丰富了湘菜的味型。粤菜用料广博，调料丰富，除一些常用调味料之外，粤菜中的蚝油、蒸鱼豉油、鱼露、柱侯酱、咖喱粉、柠檬汁、沙茶酱、豉汁、西汁、糖醋汁、煎封汁、酸梅酱、红豉油等口味都独具一格，川菜调味品如花椒、辣椒、豆瓣酱、川盐、芥末、陈皮、芝麻、姜、大蒜、葱、酱油、醋、糖、豆豉、榨菜等。这些调味品丰富了湘菜的味型，让湘菜的味美更有层次，更加丰富。

淮扬菜的刀工技法提升了湘菜的形之美。淮扬菜的精髓在于刀工，一块2厘米厚的方干，能批成30片薄片，切丝细如发；冷菜制作、拼摆手法要求极高，一个扇面三拼，抽缝、扇面、叠角，寥寥六字，但刀工、拼摆难度极大；文思豆腐，一块豆腐切成了几千根豆腐丝，放在清澈的水中，根根清晰、粗细均匀，云雾般的形态，宛如一幅中国山水画。湘菜也比较注重刀工，基本刀法有16种之多，在具体运用中演化参合，使菜肴变化无穷。发丝牛百叶，形如发丝，百叶切得越细越好；梳子百叶，形似梳齿；熘牛里脊，片同薄纸；菊花鱿鱼、金鱼戏莲，刀法奇异，形态逼真；红煨八宝鸡，整鸡剥皮，盛水不漏，制出的成品，不但造型完整俊美，而且肉质鲜软酥润，入口时满口生香。

西餐原料和技法丰富了湘菜的种类。在湘菜的发展道路上不能故步自封，需要与西式餐饮进行有机融合，通过取其精华、去其糟粕，实现湘菜的发展。湘菜的发展离不开科学的借鉴，也离不开有效的学习。近年来湘菜领军企业找准中式烹饪与西式餐饮的契合点，有了多元化的包容思想，从中国味道出发，严选优质进口食材和本土食材入菜，在传统的中式元素和文化的基础上，融入多种西式烹饪技法、装盘手法，塑造出专属于湖南的新湘菜。

中医与烹饪结合丰富了湘菜的内容。因为历代湖湘中医对药膳食疗、饮食养生学的精心研究，使得湖湘饮食药膳理论得到了全面的发展。湖湘药膳食疗学是历代医家长期生活实践与临床实践总结出来的一种饮食养生规律，为湖湘大众提供了系统的、宝贵的饮食养生经验。如今，随着人民物质生活水平的提高，人们对于药膳食疗的态度由“治病”开始转变为“预防疾病、保健强身”的养生理念。随着时代发展及人们饮食需求的变化，湖湘药膳食疗研究者秉承传统的配方与制作工艺，不断推陈出新以迎合当下人们的食养理念与口味需求。

（三）当代湘菜的意境美

美食与美境相映成趣，是我国烹饪美学创作的又一个重要方面。美境包括进食的时、空、人事因素在内，即讲究所谓良辰、美景、可人、乐事的餐厅饮食环境。良辰吉日，融情入景，可增进食欲情趣。窗明几净，花前月下，山间水边，得自然清静之趣，皆是进食佳处。或好友知己，或天伦至亲，同声同气，畅饮小酌，无所不可；席间海阔天空，或吟诗，或娱乐，皆可尽兴；厨房布置有条不紊，厨师技能高雅娴熟，菜品程序精雕细琢，如此种种，皆为美食之美境。同时，热情周到，笑脸相迎的饮食从业人员也不失为一大风景，使进食者舒畅饮食。例如以“湘菜博物馆”和“长沙窑”作为品牌推介的新式创意菜馆，采用博物馆布展的方式，通过少量的历史资料陈列以及特色饮食器皿等的展示，为游客打造了一个极富文化气息又不失新意的饮食场所，与此同时也为消费者提供了多方面的饮食审美体验。

（四）当代湘菜的整体美

现代湘菜的宴席设计艺术表现为整体的、和谐的美感。对单桌宴席而言，具体体现为色、香、形、器、质等各方面的搭配组合是否有条有序、错落有致等，这种和谐既是一肴一馔与一餐一盘之间的和谐，又是一席肴馔与一席餐具、饮器之间的和谐。同时我们也知道，菜的形态有整、末，亦有丁、丝、条、块、泥及异形等，菜的色泽有红、黄、白、绿等色，但一经恰如其分的餐具相配，大小相同、高低错落、形质协调、组合得当，完整而又气派的美食、美器、美酒、美的餐巾台面就展现在人们的面前了。就空间整体性设计而言，就餐设备的布局，艺术风格，装饰品类，空间，色彩，墙上挂贴的画幅，花卉盆景的排列，声温调控设备，卫生设施的全面性以及服务人员的着装、风度等，都必须与宴会的主题、氛围相适应，以体现宴席的整体美。

课后练习题

一、单选题

1. 陶器的出现，是人类第一次用（　）将一种物质改变为另一种物质，也就是将柔软的黏土烧制成了坚硬的陶器。

A. 手　B. 水　C. 火　D. 泥土

2.（　）的传说认为陶的发明是神农氏在农耕活动中逐步实现的。

A. “神农耕而作陶”　B. 女娲造人　C. 后羿射日　D. 夸父逐日

3.《大招》反映了商周时期湖湘祭祀活动中丰富味美的菜肴、酒水和小吃情况，其中“烝凫”指的是（　）。

A. 乳浆　B. 煎鲫鱼　C. 蒸野鸭　D. 炖甲鱼

4. 对汉代湘菜历史研究做出重大贡献的是（　）。

A.《随园食单》　B.《茶经》　C. 长沙马王堆遣策　D.《大招》

5. “君幸酒”“君幸食”字样出现在马王堆汉墓出土的（　）。

A. 漆耳杯　B. 漆圆盒　C. 漆画壶　D. 角

6. 马王堆汉墓中出土的医术《十问》中提到：“饮走兽泉英，可以却老复壮。”其中“走兽泉英”指的就是（　）。

A. 牛羊奶　B. 牛肉　C. 羊肉　D. 猪肉

7. 李商隐《洞庭鱼》首句“洞庭鱼可拾，不假更垂罾”描写的是（　）流域水产之丰富。

A. 洞庭湖　B. 鄱阳湖　C. 西湖　D. 长江

8. 唐代，湖湘地区的瓷器在工艺水平和审美水平上，已经达到了全国最高水准，主要生产（　）。

A. 青花瓷　B. 青瓷　C. 白瓷　D. 漆器

9. “曲水流觞”的“觞”指的是（　）。

A. 漆耳杯　B. 漆圆盒　C. 漆画壶　D. 角

10. 清末湘菜代表菜“牛中三杰”，其中（　）以刀工见长，百叶细如丝缕，再混以同样粗细的冬笋丝，外观上无法分辨，夹一箸尝试却是柔中有脆，妙不可言。

A. 发丝牛百叶　B. 红煨牛蹄　C. 烩牛脑髓　D. 大炖牛肉

二、判断题

1. 美是从食物中提炼出来的味觉愉快，所以味之美是基本的美。（　）

2. 夏商周时期是中国古典美学思想的发端期，是中华民族审美意识的萌芽阶段。（　）

3. 探究饮食历史的一个重要方面就是对饮食器皿的研究，从食器的打造到饮食过程中的运用，从所盛之物到功能使用，都是某一时期饮食文化的具体表现。（　）

4. 食物的储藏、烹饪，食器的铸造、陈列，进食的典章、礼仪，整个脉络细致清晰，体现出了普遍积极的审美情趣。（　）
5. 湘菜乃至其他菜系中的“味”“中和”等审美理论在先秦时期开始萌芽，宋代得到高度发展。（　）
6. “重文取士”的文化政策致使宋代处处弥漫着“大宋风雅”，饮食也不例外。（　）
7. “龙女斛珠”为岳阳地区传统名肴。“龙女”传说，见于唐人小说《柳毅传》，今湖南洞庭君山有柳毅井遗址，此菜主料金丝鲤被誉称为“龙女”，珠即湘莲，“龙女斛珠”由此得名。（　）
8. 粤菜、川菜的调味品丰富了湘菜的味型，体现了湘菜的融合美。（　）
9. 美食与美境相映成趣，是湘菜美学创作的又一个重要方面，体现了湘菜的意境美。（　）
10. 现代湘菜的宴席设计艺术表现为整体的、和谐的美感。（　）

三、思考题

1. 请阐述夏商周时期湖湘饮食思想之美。
2. 简述当代湘菜的美学特征。

第三章 湘菜美学基础

烹饪是一门技术，更是一门艺术，无论是艺术的创作者，还是艺术的欣赏者，都需要拥有发现美的眼睛、感受美的心灵、创造美的技艺。湘菜是中国八大菜系之一，其身份和地位颇为显著，不仅味美，而且营养丰富，如若缺乏外观美感和自然色彩构造，只是简单地加工熟制，那么就会失去湘菜烹饪的意义。无论从烹饪技术的操作程序角度还是从烹饪艺术产品的外观形态表现角度来看，美学的应用对烹饪食品的艺术和技术水平有着决定性影响。

烹饪虽然是生活美学的一部分，但它结合了多种艺术和烹饪技巧，形成了一个综合性的艺术形式。烹饪艺术与美学之间存在着极为密切的关系。在湘菜烹饪艺术中，美术在冷菜造型、热菜造型、食品雕刻、面点制作以及餐厅布置、筵席设计等方面都起着至关重要的作用。将美术中的色彩搭配和构图运用到菜肴的制作中，能够有效地提高菜肴的美感，从而提升其商品价值。

第一节　湘菜的色彩

一、色彩的基本知识

湘菜是一门艺术，一道成功的湘菜不仅可以满足人们的口腹之欲，而且能给人们带来美的享受。中国人谈到菜肴时，通常会用“色、香、味、形”来描述，其中“色”排在第一位，这表明了色彩的重要性。

色，即色彩、颜色。要讲色彩，首先要弄清楚色彩是如何形成的。通常人们认为颜色是物体固有的属性，但实际上，我们看到的颜色是通过光的作用，以及眼、脑和我们的生活经验所产生的一种视觉效应。色彩是人的眼睛在接受光的刺激后，视网膜的兴奋传送到大脑中枢神经而产生的感觉。色彩是有变化的，它包含了颜色的对比、组合和调和，能够引起人们的情感共鸣和审美体验。当光（日光、月光、人造光）照射到物体上，由于物体对光的吸收程度不同，反射光给人的视觉器官带来的刺激也不同，从而形成了不同的色彩。当人们看到不同的色彩时，会产生不同的感觉。一些颜色可以增强人们的食欲，引起人们的胃口。如白色的菜，人们感觉洁净素雅；黄色的菜，使人感到酥香诱人；绿色的菜，使人感到清新、新鲜；酱红色则是一种诱发人们食欲的色彩。但有的色彩却能影响人们的胃口，如紫黑色。因此，作为烹饪工作者，掌握色彩的一些基本知识是非常必要的。

二、色彩三要素

色彩三要素即色彩的三个基本属性，即色相、明度、纯度。

（一）色相

色相是指色彩所呈现出来的质的面貌，是区别不同色彩的一种概念。通常用头尾相连的色相环来表示色彩系列，如由红色、橙色、黄色、绿色、蓝色、紫色这些基本色相中间插入中间色，就可以组成12色相环（图3-1）。这样有助于人们认识和理解色彩。

图3-1　12色相环

（二）明度

明度是指色彩的深浅、明暗程度。由于物体反射或折射光线强弱和波长不同，因而产生色彩深浅不同的变化和差别。一般来说，浅的、亮的色彩明度高，如白色、黄色；而深的、暗的色彩明度低，如黑色、暗红色、深蓝色等。在同一种色彩中，明度变化从浅到深也非常丰富，如图3-2所示，中间颜色向两边明暗的变化和深浅的变化体现出色彩明度的变化。

（三）纯度

纯度是指色彩的纯净程度，或称色彩的饱和度、色彩的鲜艳程度。一般来说，色彩越纯、越艳，纯度越高。如红、黄、蓝色纯度最高；反之，色彩越浊、越灰，纯度越低。当然，色彩的纯度是相对而言的，如大红比玫瑰红纯，玫瑰红比紫红纯等（图3-3）。

湘菜烹饪技术中非常讲究“色”。色泽优劣的衡量标准，实质上就是用食品色彩的纯度和明度来做衡量标准的。例如，刀豆焯水恰到好处就会呈现碧绿的色泽，接近标准色，纯度就高。

图3-2　色彩明度变化

图3-3　色彩纯度变化

三、色彩的来源

湘菜中的色彩主要来源于烹饪原料中天然固有色、烹调加工赋予的颜色和食用色素调色。

（一）烹饪原料中天然固有色

1. 烹饪原料的色泽属性

烹饪原料表面的呈色物质，不同于绘画艺术中的颜料，属自然生成，而非染色加工制成。因而无论从纯度还是从明度上看，大部分的物质，色相都同标准色有些距离，因而研究烹饪中的色彩变化规律，掌握正确的色彩和色相，首先就要搞清楚原料的色相的归属，这就是烹饪原料的色泽属性（图3-4）。

绿色：青椒、黄瓜、菠菜、油菜、豌豆苗、四季豆、豆角、韭菜、蒜苗、生菜、莴笋等多种植物性原料。

红色：红辣椒、番茄、红腐乳、红樱桃、草莓、西瓜、山楂、红油、红曲米等。

白色：湘莲、肥膘、鸡胸肉、山药、茭白、银耳、粉丝、白糖等。

黄色：黄贡椒、蟹黄、姜黄粉、黄辣椒、黄花菜、黄豆、鸡油、胡萝卜、海米、黄菊花等。

图3-4　烹饪原料中天然固有色

黑色：腊肉、腊鸡、腊鸭、猪血丸子、黑木耳、松花蛋等。

紫色：紫苏、茄子、心里美萝卜、紫菜头。

深褐色：枣泥、豆沙、玫瑰糖、豆酱。

褐色：草菇、平菇、猪肝、鸡肝等。

2. 掌握原料加工后的色彩变化规律

烹饪原料在加工过程中，受到热、盐渍和氧化等因素的影响，其自然色彩可能会发生变化。例如，番茄在加热过程中会由鲜红色变成暗红色，而苹果在切开后暴露于空气中则会发生氧化褐变。

绿色植物性原料在经过适当的焯水处理后，可以使其色泽纯度和明度增加，使绿色更加鲜艳。稍加油脂拌匀可以进一步提升颜色的艳丽程度。如果焯水不当或过火，则可能会导致颜色变黄、色度减弱以及纯度和明度降低。此外，用油汆、焯水或加碱的方法也可以使其颜色更加绿亮。

植物性原料腌渍后，其色度加深，纯度提高，用小磨香油（芝麻油）拌匀后，明度也相应提高，会使原料色彩变得更加鲜亮，如茭白、黄瓜、莴笋等。动物性原料经加热后，水产甲壳类的色彩由浅变深，色相、纯度、明度都增强，由灰暗变鲜艳，如盐水虾、蒸全蟹等。陆产类的色彩多由鲜变淡，色相、纯度、明度均减弱，由鲜艳变成灰白色，如鲜猪、羊肉加热煮熟后就变成灰白色。鲜艳清新的原料长期存放，由于氧化作用，由鲜艳变成灰暗或变成枯黄。通常情况下，室内的温度越高，色相、纯度、明度的损失速度就越快。

3. 固有色的利用

烹饪原料固有色的利用是指运用食材本身自然的颜色，在搭配时进行恰当的对比组合，以创造出最佳的色彩效果。这是厨师进行调色工作的基础，也是衡量厨师运用色彩技巧水平的重要标准之一。

利用原料固有色进行色彩的调和，其成品色彩美得自然朴实，符合食品卫生与安全和营养学要求，有利于突出食材的本色本味，是烹饪色彩调和的主旋律。但是，在个别情况下，某些原料本身无颜色，而又必须使用纯度高、色相标准的颜色，这就要进行调色加工，方能达到理想效果。

（二）烹调加工赋予的颜色

湘菜的颜色除可以利用原料的自然颜色外，还可以通过烹饪技术，将有色原料的色彩添加到某些无色或浅色的原料中。增色原理是通过原料之间的相互影响、加热后的物理化学变化或其他因素的复杂影响，使烹饪原料本身发生一定的颜色变化，从而达到增色目的的一种手段。

1. 调味品调色

在湘菜的制作中，调味品调色是在烹饪过程中添加调味料，并利用调味品的影响来决定食品颜色的一种方法。例如，酱油的着色效果可以使菜肴呈现酱红色，除此之外还可以使用糖色、红曲米等调味品/料进行调色。蔗糖在高温加热的过程中，随着温度的升高，糖的颜色逐渐从白色变为浅黄色，然后变为栗色、红褐色，加水形成糖色，根据加入的水量不同，形成糖色的深浅也不同。在原料的烹制过程中，适当加入糖色，再经过成熟阶段，使糖色有效地吸附在原料表面，就能形成柿红、柿黄、棕红、深红等不同色度的暖色。而色相、纯度、明度的表现力和准确程度则全靠烹饪技术的发挥和审美判断力（图3-5）。

2. 原料覆盖调色

将某种颜色或色调的食材粘贴在无色或白色的食材表面并烹饪，从而为食品添加所需色调的方法称为原料覆盖调色。粉蒸肉是人们常吃的一道美味菜肴，也是采用的原料覆盖调色的方法。在制作的过程中，向新鲜的五花肉中加入蒸肉米粉，让蒸肉米粉包裹住五花肉，这样蒸出来的五花肉就会红润光泽（图3-6）。刷蛋液调色是糕点烘焙中常用的为食品上色的方法，主要是利用蛋黄的色彩，经过烘烤等加热方法，赋予食品金黄色。刷蛋液调色时可根据产品的需要，科学调节色相，以达到调色目的。以鲜蛋为主要原料，加入少许植物油（增加明度），搅匀即可使用，经烘烤便可获得金黄色；如在蛋液中加入适当的饴糖，经烤制加工后可获得棕黄色，若加入少量的糖色可获得橙色（图3-7）。

3. 烹调技法调色

（1）油炸调色　油炸上色是指利用脂肪的高温焦化、焦糖化反应或美拉德反应作用来改变烹饪食品的颜色的过程。在油炸过程中，通常需要在原料表面涂上一层糖浆、饴糖、蜂蜜等调味品/料，在高温作用下产生棕黄色、棕红色或深棕色等颜色。深色和浅色之间的色差取决于油的温度和调味料本身的颜色。在面点和糕点制品中，原料自身含有一定量的淀粉及糖类，这些成分在油炸过程中随着油温的变化会产生金黄或棕黄色泽，不同的油脂中也含有不同的色素，特别是植物油，在炸制过程中，油脂的固有色素也会使原料自身的色调发生改变（图3-8和图3-9）。

（2）烘烤调色　烘焙食品的颜色取决于烤箱的温度和原料的营养成分。相同的原料，颜色会随着炉温和时间的变化而变化。当炉膛温度略高时，烹饪原料外层的颜色明度和纯度就会较高；如果炉温低，食品表面颜色的明度和纯度就会低。炉温过高或过低，食品最

图3-5　红烧猪脚

图3-6　粉蒸肉

图3-7　豆沙蛋黄酥

后的色泽纯度、明度和色相都会改变。原料当中倘若有较多糖分和蛋白质，则在高温下会发生美拉德反应，赋予原料金黄色、橙红色等色泽。淀粉也可在高温下发生焦糖化反应，生产棕褐色或者栗色，如我们餐桌上常出现的一道美食——烤鸡翅（图3-10）。

图3-8 香芋丸子

图3-9 葱油饼

（3）着色剂调色 烹饪行业中最常用的着色剂是亚硝酸盐。用亚硝酸盐腌制的肉在发酵或烹饪后可以产生明亮的玫瑰红色，色泽非常诱人。然而，亚硝酸盐可以与食品或人体中的胺类物质结合，生成亚硝胺，对动物和人类都有很强的致癌作用。因此，作为着色剂，亚硝酸盐的使用量应严格按照国家有关标准执行。

（4）烟熏调色 烟熏调色是一种在没有明火的情况下，通过燃烧松枝、柏枝、锯末、茶叶、红糖等燃料来熏制食品，以增强食品颜色的方法。湘菜中常用的腊肉、腊肠、牛肉脯不仅口感丰富，而且有独特的烟熏香气和风味，表面呈特有的烟熏色，这是其他烹饪技术无法赋予的（图3-11和图3-12）。

图3-10 烤鸡翅

图3-11 熏腊肉

图3-12 熏腊肠

（三）食用色素调色

食品的颜色是影响食品感官质量的一个重要因素。人们在制作食品时经常使用一种食品添加剂——食用色素。在1856年英国人发明第一种合成食品色素苯胺紫（Mauveine）之前，人们使用天然色素给食物上色。早在公元10世纪，人们就开始使用天然植物色素给食品上色，最早使用植物色素的人是英国的阿利克撒人，他们使用茜草植物色素制作玫瑰紫糖果。后来，美洲的托尔特克人和阿曼特克人相继从雌性胭脂虫中提取胭脂红用于食用色素。

自古以来，湖湘地区就有酿造红曲米、酱肉和制作粉蒸肉、晒肉的习惯。在湖南，人们常制作蒿子粑粑，将绿色蒿子放入杵臼捣碎，再加入糯米粉和制面团，然后制作成绿色的蒿子粑粑。用于着色和改善食品颜色的食品添加剂有天然类型和人工合成类型，天然食用色素是直接从动植物组织中提取的色素，通常对人体无害，如叶绿素、姜黄素、胡萝卜素等；人工合成色素是由从煤焦油中分离出来的苯胺染料制成的，因此也称为煤焦油色素或苯胺色素，如合成苋红、胭脂红和柠檬黄。这些人工合成的色素对人体有害，因为它们容易引发中毒、腹泻甚至癌症，因此应尽量减少使用。

四、色彩的对比和色调

色彩对比，就是各种色彩在构图中的面积、形状、位置和色相、明度、纯度以及心理刺激的差别构成的色彩之间的对比。色彩差距越大，对比效果就越明显，缩小或减弱色彩差距，对比的视觉效果就趋向缓和。

（一）色相对比

在色彩理论中，色相是指颜色的种类，例如红色、黄色、蓝色等。色相对比是指不同色相之间的差异所形成的对比，这种对比可以通过色相环来表示。当两个色相在色相环上相距较远时，它们之间的对比效果较为强烈；相反，当它们靠近时，对比效果则会减弱。

1. 类似色对比

类似色对比是指在24色相环中色相的距离角度为30度左右的色相对比，属于弱对比。此对比中的色相属于一个大的色相范畴，但有不同基本色相倾向，如黄绿、绿、蓝绿；玫红、大红、朱红等。其对比视觉效果：柔和、统一、安定，比同一色铺满的效果显得丰富（图3-13）。

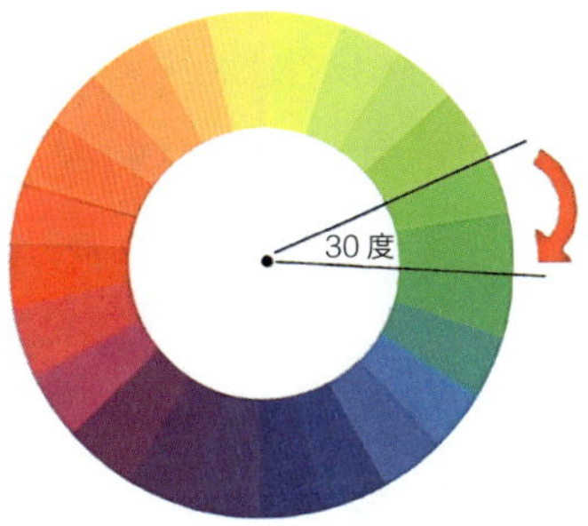

图3-13　类似色对比

2. 邻近色对比

邻近色对比是指在24色相环上色相的距离角度为60度左右（不超过90度）的色相对比，属于中对比，如红与橙、橙与黄、黄与绿、绿与蓝、蓝与紫、紫与红等，色相间含有共同的基本色相。其对比视觉效果：单一、柔和统一、主色调明确、耐看（图3-14）。

3．对比色对比

对比色对比是指在24色相环上色相的距离角度为120度左右的对比，属于色相中强对比，如红与黄/绿/蓝绿，橙与黄绿/蓝绿/蓝，黄绿与蓝/蓝紫/紫红属于对比色。其对比视觉效果：饱满、华丽、欢乐、活跃、视觉效果强烈、令人兴奋。但易让人视觉疲劳，运用和处理不好易引起烦躁、不安之感（图3-15）。

4．互补色对比

互补色对比是指在24色相环上色相的距离角度为180度左右的色对比，属于色相最强对比。红与绿、黄与紫、橙与蓝构成色相的三大互补色关系，其中黄与紫对比是明度对比的极端，红与绿是纯度对比的极端，橙与蓝是冷暖对比的极端。其对比视觉效果：强烈、鲜艳、充实、有运动感，容易产生不协调、杂乱、过分、刺激、动荡不安、粗俗生硬等感受（图3-16）。

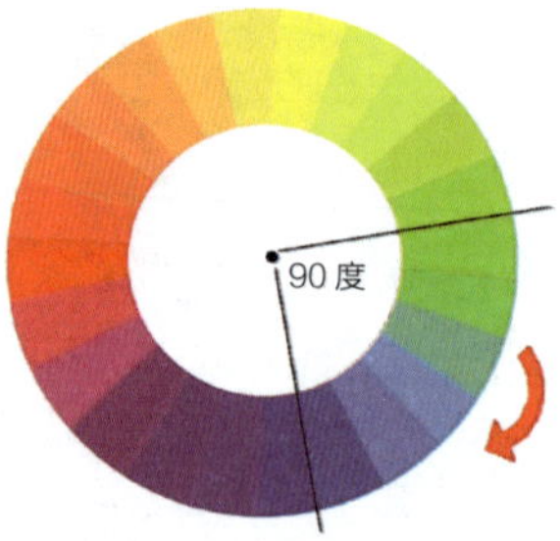

图3-14 邻近色对比

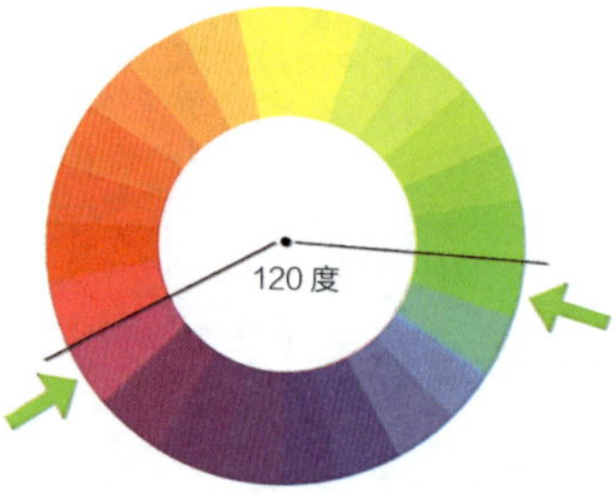

图3-15 对比色对比

图3-16 互补色对比

（二）明度对比

因明度差别而形成的色彩对比，称为明度对比。明度是指颜色的亮度或明暗程度，明度对比可以通过将明亮的色彩与暗淡的色彩相对比来实现，或者将高亮度的色彩与低亮度的色彩相对比来实现。强烈的明度对比可以提高图像的视觉冲击力和吸引力，但过度的对比可能会导致过度刺激，影响视觉体验的平衡。

（三）纯度对比

纯度对比是由纯度差别引起的对比，是指较鲜艳的色与模糊的浊色的对比。纯度对比既可以是不同色相的对比，也可以是单一色相不同程度的对比。鲜艳与浑浊的对比效果是相对的，同一种色相与浊色对比显得鲜艳些，与更鲜艳的色相对比显得暗淡、混浊。

五、湘菜色彩的运用

（一）原色

烹调中充分利用原材料天然的色与形状来进行搭配和装饰，是广泛应用的烹调配色方法之一。在烹调过程中，食材本身的颜色、形状和质地可以提供丰富的视觉效果，并为菜品增添自然美感。比如利用白菜、白辣椒、白扁豆、白菊花、白萝卜、银耳、鸡蛋白、肥膘肉等原料的白色；利用火腿、香肠、红辣椒、精瘦肉、番茄等原料的红色；利用蒜苗、韭菜、菠菜、青椒、豌豆苗、青豆、青葱、芹菜等原料的绿色；利用韭黄、金钱菜、生姜、熟蛋黄、冬笋等原料的黄色；利用紫菜、冬菇、黑木耳、海参、黑芝麻等原料的黑色，来进行天然调色。

（二）加色

一些食材本身的颜色可能不够鲜艳，或者在加工过程中因氧化、褪色等原因而失去一部分色彩。为了使这些菜品看起来更加美观，烹调师会通过添加某些含天然或人造色素的食材来增强菜品的颜色。常见的天然色素包括胡萝卜素、叶绿素、花青素等，在适当的配合下可以给菜品增添恰到好处的色彩。另外，一些人造色素也被广泛应用于烹调中，如红、黄、蓝、绿等颜色的合成食用色素，通常是由食品添加剂生产厂家制作，以确保其安全和稳定性。无论使用何种方法，色素调节都应该谨慎使用，以确保菜品的安全、营养和口感。

（三）配色

配色即在烹调过程中，将几种不同色泽的原料配在同一菜肴中，让其相互衬托增色。一般采用顺色配和逆色配两种方法。

1. 顺色配

顺色配是一种常见的烹调配色方法，指的是将颜色接近或类似的食材组合在一起，以创造出柔和、自然的色彩效果。例如，将不同深浅程度的绿叶蔬菜搭配在一起，或者将黄色、橙色和红色的食材组合起来，可以形成渐进式的色彩过渡，给人一种和谐、舒适的视觉感受。顺色配在烹调中通常用于制作沙拉、拌菜等冷盘菜肴，也可用于装饰主菜或甜点。它提高了菜品的美观程度，同时也可以提高菜品的营养价值，因为多种颜色的食材往往意味着更多的维生素和矿物质（图3-17）。

图3-17 蔬菜沙拉

2. 逆色配

逆色配是一种烹调中常用的对比配色方法，指的是将颜色互补或对立的食材组合在一起，以创造出强烈、鲜明的对比效果。例如，将红色的番茄和绿色的蔬菜搭配在一起，或者将紫色的茄子和黄色的玉米搭配在一起，会形成非常明显的颜色对比。逆色配通常用于制作主菜或甜点中的装饰部分，以增加菜品的视觉冲击力和吸引力。但需要注意的是，过度使用逆色配可能会使菜品看起来过于跳脱，容易影响整体美感，因此应适度使用（图3-18）。

图3-18 辣椒炒肉

（四）点缀

点缀是一种用于烹调的装饰方法，指的是在菜肴或饮料表面加上少量或微小的食材或调料，以增加菜品的美观程度。点缀通常使用的食材包括新鲜的香草、水果或蔬菜切片、花瓣等，也可以使用调味酱、油、醋、蜂蜜等。点缀所添加的食材应与菜品色彩和口感相适应，以达到更佳的视觉效果和味觉体验。点缀提供了一种简单而有效的方法来装饰美食，使之更具吸引力，也可以显示出烹调师的创意和精湛技艺（图3-19）。

（五）润色

润色是一种常见的烹调技巧，指的是使用烹调过程中产生的汁液、油脂或其他方式，为菜品表面提供光泽，并强化或衬托食材的颜色和质感。例如，在煎炒过程中，食材会释放出汁水或油脂，此时烹调师可以将其用来润色菜肴表面，增强其视觉效果。润色还可以通过在调味料中添加少量的油或醋来实现，以使调味料更加光滑细腻。润色对于改善菜品的外观质感非常重要，它可以让菜品看起来更加诱人，同时也有助于提高食欲。如在白斩鸡上涂层芝麻油、放上几根香菜（图3-20）；以盛器润色菜肴，如熘鱼片配以青瓷盘，就能衬托出菜肴晶莹纯白的色泽，给人以清新之感。中国烹饪历来讲究美食美器，一

图3-19 红烧肉

图3-20 白斩鸡

道精美的菜点，如能盛放在与之相得益彰的盛器内，则更能展现出菜点的色、香、味、形、意来。再则，盛器本身也可以是一件工艺品，除了欣赏的价值，更能起到衬托菜点的作用，还能使宾客获得一种视觉艺术享受。

第二节 湘菜图案的构图

湘菜图案通常具有一定的适用范围和实用性。最早的装饰图案是出现在器皿和实用品上，这种做法旨在使原有的器物或食材更加美观，增强其装饰效果，同时也能够体现烹饪技术和艺术造诣。在湘菜中，常见的图案包括各种植物、动物、山水和人物等，它们常常通过刀工、摆盘等方式来实现。这些图案和纹饰不仅可以美化菜肴，还可以提高菜品的视觉冲击力和吸引力，让就餐者对菜品留下深刻印象。同时，这些图案也为湘菜的文化底蕴和地域特色提供了一种重要的表现形式。只有了解烹饪图案的构图及形式美法则的具体含义，掌握图形设计的基本技能并将其熟练运用于烹饪图形的设计中，才能更快地提高烹饪造型制作能力与工艺表现水平。

一、图案与构图

（一）图案

图案指的是在某种材料或物品上进行的特定图形、花纹和装饰的设计。在烹饪中，图案通常用于装饰菜肴表面，以增加其美观程度和视觉冲击力。不同的文化背景下，图案的种类和风格各异。例如中国的剪纸、涂彩和刻字技艺，日本的折纸和剪纸，欧洲的银器镶嵌、织物图案等。在现代烹饪中，图案设计也得到越来越多的重视，烹调师们通过巧妙地运用刀工、摆盘等手段，将各种图案创意融入菜品中，展示出独特的艺术性和美学价值（图3-21）。

图3-21 雕刻艺术

图案可分为平面图案与立体图案两类。平面图案由纹样、构成、色彩三个部分组成。立体图案由形态、装饰（纹样、构成）、色彩几个部分组成。但是有些图案并不一定包括所有部分。如红色地毯、白色瓷瓶都没有纹样。

（二）构图

构图指的是在艺术和设计领域中将各种视觉元素有机组合起来形成整体结构的过程。在烹饪中，构图同样非常重要，它涉及摆盘、菜品排列和装饰等方面，好的构图可以有效地增强菜品的美观度和视觉冲击力。构图的好坏直接关系到菜品的视觉感受和就餐者的用餐体验。因此，对于烹调师来说，掌握构图技巧和原则非常重要。

在烹饪构图中，通常需要考虑以下几个方面。

（1）菜品的主题和特点　根据不同的菜品类型和风格，选择适当的构图方式和设计元素，突出菜品的特色和主题。

（2）颜色和形状的搭配　将不同颜色的食材有机搭配在一起，使菜品的色彩更加丰富；同时，通过切割、雕刻等方式调整食材的形状，使其更具立体感和艺术效果（图3-22）。

（3）盛器的选择　根据菜品的大小、形状和颜色，选择合适的盘子和器皿，以达到最佳的视觉效果。

（4）空间和平衡的考虑　在布局过程中，需要注重菜品之间的空间和平衡感，使整个构图看起来更加协调和美观（图3-23）。

总之，在烹饪中，构图是一项非常重要的技能，它可以提高菜品的美学价值，同时也是烹调师们展示创意和艺术造诣的重要手段。

图3-22　玫瑰火龙果

图3-23　花菜烧牛肉

二、烹饪图案的平面构图

烹饪图案的平面构图是指在平面上进行烹饪图案的设计和排布，是烹调师表现菜品美学价值和艺术效果的重要手段之一。装饰图案的平面构成，取决于菜品的题材、内容和食品的形状、制作方法。平面构图在实际应用中虽然千变万化，有着各不相同的组合形式，但从各部分的结构特点上看，又带有一定的程式性。装饰图案的构图基础，便是以其程式为重点，找出若干规律性的东西，作为入门之径。一般来说，装饰图案的构成比较自由多样，不像绘画那样必须局限于特定的场合与角度。它可以突破时间、地点和透视、比例等关系的局限，按照装饰的想象和烹饪工艺的需要做结构处理。特别是花卉的题材，既可以在同一枝干上开出各种花朵，也可以有规律地缠绕和连续。而几何图案更是变化无穷，由于它在内容上不表明某一具体的物象，因而在构图上运用对称、连续等方法也就最为灵活，成为装饰图案中别具一格的一种构图方式。

以下是几种常见的平面构图方式。

（1）中心构图　将图案置于盛器的中心位置，使其成为整个构图的焦点，提高菜品的视觉冲击力（图3-24）。

（2）对称构图　将图案沿中心对称线对称分布，左右两侧呈镜面状，使整个构图更加稳定和协调（图3-25）。

（3）外放构图　将图案置于盛器的边缘，以便更好地展示食材的形状和颜色，同时也有利于改善视觉效果和空间感受（图3-26）。

（4）斜线构图　通过倾斜或交错的方式来排列食材和调料，增强视觉冲击力和动态效果（图3-27）。

在进行烹饪图案的平面构图时，还需要考虑色彩搭配、形状变化和空间规划等方面，使整个构图看起来更加协调和美观。同时，也需要考虑菜品的实际效果和顾客的食用体验，使烹饪图案在美学和实用性方面都得到充分的体现。

图3-24　千层肉

图3-25　剁椒鱼头

图3-26　小炒鲜鲍

图3-27　湘式风味牛排

三、烹饪图案的立体构图

立体构图是指将各要素按照一定的原则与规律组合成的立体形态。具体地说，立体构图是把几何学上的概念，点、线、面、体变为既看得见又摸得到的实体。因此，立体造型的设计应满足人们从不同方位、不同角度欣赏对象的需要。

学习立体构图要从了解立体构图的主要因素和形式要素入手，明确立体的概念。通过掌握常见立体构图的方法，来增强对立体形象的想象力和创造力，结合烹饪原料和烹饪技法，设计和创造出人们喜爱的烹饪艺术作品。

（一）立体构图的主要因素

1．形状

立体形态在空间中占有实体的位置，从不同角度观察，可呈现出不同的“形状”。立体形态的“形”不同于平面形态的“形”，它们有本质的区别。以“形”的外观来区分，常见的立体形态有自然形、人造形、偶然形等。

2．肌理

肌理指的是物体表面的纹理、质感和形态等特征，在烹饪中主要指食材的肉质、纹理和口感等方面的特点。不同种类的食材具有不同的肌理特征，如鲜肉类、海鲜、蔬菜、腊制品、干货制品等都有着各自独特的肌理特点。在烹饪过程中，合理地利用肌理可以有效地提高菜品的口感和美观度。

3．强度

菜品造型最大的特点之一是强度的塑造，不同的食材具有不同的强度呈现。如在立体菜肴的造型中，生姜因其强度较高多做成山川造型，而核桃仁在制成糖粘核桃仁增强了强度后也可做成山川、假山的造型。

在菜品造型中，不同属性的烹饪原料适合不同的造型技法，有适合拼摆的原料，也有适合雕刻的原料，这也是我们需熟悉烹饪原料属性的重要原因。

（二）湘菜造型中常用的立体构图方式

立体构图有线材构图、面材构图、块材构图、综合构图等多种构图方法。在烹饪工艺造型中常用的有层面排出、块材构图、综合构图等。

1．层面排出

层面排出属线材构图，是指将面材某基本形进行排列组合的一种形式。基本形可以进行变化，如由大变小、由圆变方、由直变曲、由宽变窄等，可选用旋转、渐变、放射等形式进行排列，排列时注意要有秩序性、节奏感和韵味，在菜品拼摆造型中常用层面排出表现物象的韵味和装饰感，以此创作菜品（图3-28）。

2．块材构图

块材是相对而言呈块状的物体，以方块、菱形块等几何形为基本形态，用切块相组合的方法构图，有一定的重量感和稳重感。块材是最具立体感、空间感的实体，要充分利用块材的特性表现作品的内涵。菜肴造型中山水和园林风景等立体感强、造型面较广、量较大的作品多用此构图方法，以塑造其空间立体感（图3-29）。

3．综合构图

线、面、块的综合构图方法常运用在大型展台和食品雕刻中。灵活地把线、面、块组合起来，可构成多彩多姿的立体造型（图3-30）。

立体构图是菜品造型设计中不可或缺的重要一环。现代人生活节奏加快，对于菜品造型设计的要求也更趋向于简练，并强调形态本身的美感。因此，合理运用立体构图的原理和方法，提高对立体形象的丰富想象力和创造力，对于设计出功能好、形态美的食品造型至关重要。

图3-28　水晶腊肉

图3-29　锦绣潇湘

图3-30　孔雀开屏

第三节　湘菜形式美及其法则

菜肴的造型设计和其他物品的造型一样，同样可以用立体构图的原理去分析和创作。符合食品的功能要求且内部结构合理的前提下，形态造型设计都是以立体构图为基础。很多现代菜品强调形态本身的美感，这些菜品几乎都是以立体构图为基础进行设计的。由于现代人的生活节奏快，所以食品造型趋向简练，以突出造型形态和原料色彩的美。为了设计出形态优美的菜品，必须做大量、系统的立体构图练习，将之作为烹饪设计作品的形态储存。形态的储存过程首先要有明确的立体构图概念，掌握常见的立体构图方法，这样在进行具体的菜品设计时，头脑中的立体形象才更丰富，处理方法和形式也会随之多样化，唯有如此才能设计出深受人们喜欢的菜肴造型。

烹饪图案中所运用的形式美法则，既可以借鉴和运用平面图案与立体图案的形式美法则，也有其自身的规律性。同时，随着生活水平的提高和文化交流的加强，这些形式美法则也不断得到丰富和完善。图案的形式美法则主要包括变化与统一、对称与平衡、重复与节奏、对比与调和等。在烹饪图案设计中，仅仅运用其中一个原理或法则指导设计烹饪图案是不够的，往往需要运用多种原理与法则进行设计制作。在运用这些基本理论时，首先要从实际出发，灵活而又符合规律地去运用这些原理与法则。只有把理论知识与实际需要结合起来并正确运用，才能创作出优美的烹饪图案。

一、变化与统一

变化与统一是设计中的两个基本法则。在烹饪图案的设计中，变化指的是元素间的差异性，或因不同呈现方式导致的设计上的差异。而统一则是指这些元素之间的联系和共性。变化与统一是构成美学上完整、协调、和谐的烹饪图案所必需的。通过变化与统一的恰当运用，可以让烹饪图案更加丰富多彩、有趣味性，同时也能增强整个图案的视觉效果和艺术感染力。

（一）烹饪构图的变化美

在烹饪图案中，变化是十分重要和必要的，它是形成烹饪图案艺术性和感染力的重要因素。变化，就是把相异的图案并置在一起，造成显著对比的感觉，其特点是生动、活泼、富有动感，如线的曲直、长短、刚柔；形的大小、方圆；色彩的冷暖、明暗、深浅；构图内容的主次；工艺材料的软硬；质地的粗精与细腻等不同的因素放在一起对比后使人产生的感觉。烹饪图案的变化是一种艺术创造。图案变化的方法是多种多样的，一般用省略法、夸张法、添加法和变形法来打破图案的呆滞与单调，使主题突出，色彩明朗，从而使造型灵动、活泼。

（二）烹饪构图的统一美

烹饪构图的变化是菜肴审美多样性的源泉，但如果处理不当易显得杂乱无章。所以在变化中又必须找到相统一的因素，才能调和变化因素，使烹饪图案和谐优美。统一是把性质相同或者相似的图案因素并置在一起，形成一种一致的感觉。在烹饪图案设计中，纹样的内容和形式都要有一致性，以达到整体效果的完美无缺。在色彩的调配上，必须运用艺术的集中手法统一在一定的烹饪图案之中，从而使各个变化的局部有中心、有主次，整齐、规则地构成有机整体，使整个烹饪图案严肃、庄重，富有静态感。万花筒中又小又碎的彩色玻璃片，用三角反光镜片集中起来，就会形成万花争艳的美妙图案。

统一是把多种变化因素有机、和谐、有组织地结合在一起，使变化显得有条理、有规律，使烹饪图案具有协调稳重、有条不紊的艺术效果。但如果过分强调统一，又会使图案呆板，不耐看。如何处理好变化与统一之间的关系，是烹饪图案造型成功的关键所在。如烹饪构图上的主从、疏密、虚实、纵横、高低、繁简、聚散、开合等；形象的大小、长短、方圆、曲直、起伏、动静、向背、伸曲、正反等。如果处理得当，整体就会获得和谐、饱满、丰富的效果。如果处理得不好，就会使人感到杂乱、零碎或单调、乏味。

图3-31　田螺小龙虾

变化与统一是对立的，又是相互依存的。其中变化是绝对的，统一是相对的，要在变化中求统一，在统一中求变化，整体统一，局部变化，“变中求整”“平中求奇”。烹饪图案总是具备变化与统一两个方面的因素，但体现在某一具体作品上，总是较多地倾向其中的一个方面（图3-31）。

二、对称与平衡

对称与平衡是烹饪图案形式美的又一基本法则，也是图案中求得重心稳定的两种结构形式。对称与平衡通常需要共同运用以达到最佳构图效果。例如，在菜品的摆盘中，除要注重主次分明、层次分明之外，还需要考虑菜肴之间的对称性和平衡感，才能使整个构图呈现出完美、协调的效果。总之，对称与平衡是烹饪构图设计中非常重要的原则，它们的合理运用可以帮助设计者创造出美观、协调和有品位的烹饪图案作品。

（一）烹饪构图的对称美

对称指的是在构图中，将元素按照某条轴线对称分布，使得整个构图左右或上下呈现出相似的形态和布局，从而达到视觉上的平衡和协调。例如，在摆盘时，可以将菜肴沿着中轴线对称摆放，使整个构图呈现出左右对称的效果。

对称具有平衡性，是同形同量的组合，体现了秩序和排列的规律性，是取得稳定统一的最简单的方法。如人的双耳、双目、鸟的翅翼、花木的对生枝叶等，都是对称形态。对称形态是普遍存在的一种自然状态。在烹饪图案中运用对称规律，可达到庄重、平衡、宁静的效果。对称在烹饪工艺造型中应用非常广泛，其形式为圆心对称、均等对称和太极对称等。

（二）烹饪构图的平衡美

平衡则指各元素在构图中分布的均衡和稳定，以避免构图过于倾斜、偏重或不协调。这种平衡可以通过控制元素的大小、形状、颜色、数量等进行调节。例如，使用颜色搭配来实现构图的平衡，或者在摆盘中注重元素的密度和分布，达到平衡的效果。

图3-32　春日奇遇

平衡是以同量不同形的组合取得均衡稳定的状态，如人的运动、鸟兽的飞行、植物的生长等，要处于平衡状态首先要保持重心的稳定才不会失去常态。在烹饪工艺美术造型中，平衡的构图不一定全部采用对称方式，许多画面常常追求有变化趣味的平衡方式。均衡是通过艺术手段实现的一种感觉上的平衡，是比对称更进一步的美，更活泼的美。如“春日奇遇”冷盘，使用白灼娃娃菜铺底，以鱿鱼卷为主料，整齐排列于盘中一侧，旁边则用樱桃点缀，鱿鱼在其中占了约一半的比重，樱桃只占整个盘子的极少一部分，但也正因此而使整个画面显得“调皮”、不呆板，若去掉樱桃就会感觉不平衡，若樱桃和鱿鱼按照1：1的量摆设便觉不协调（图3-32）。

三、重复与节奏

重复与节奏是烹饪图案应用的主要方法之一。重复是将一个基本纹样进行上下连续或左右连续，以及向四面重复地连续排列形成连续的纹样，是一种有规律的伸展连续，是形成画面秩序感最简单的方法之一。将一个“形”变换位置后再出现一次或多次，无论是简单的重复，或者有变化的复杂重复，都将形成画面的节奏律动，给画面带来活力。连续重复性的图案形式是烹饪图案中的一种组织方法。实际上，烹饪图形构建中对称型的图案结构也是有条理的重复。

在烹饪图案应用中，相同的形以一定的间隔重复出现，形成一种基本而简单的节奏形式。同时，也可以应用肌理、方向、色彩等要素来进行重复应用。在此基础上，如果以改变形式、大小、间距、方向、色彩或肌理等诸多要素来做变化时，将类似或同形的纹样由主到次、由大到小、由长到短、由粗到细、由明到暗地排列，就能形成复杂的节奏形式。烹饪造型中鸟类的翅膀和什锦冷拼中的排列，就应用了重复与节奏的原则。

烹饪图案中的节奏是指将烹饪图案画面上的线条、纹样和色彩处理得生动和谐、浓淡协调，人们通过视线在时间、空间上的运动获得均匀、有规律变化的感觉。我们常常利用连续而有规律的反复排列，形成不同的节奏形式，从而得到富有节奏性的韵律感（图3-33）。

图3-33　蒜泥白肉

四、对比与调和

烹饪造型常通过对比才能分出差异、主次。在图案设计中，恰当地运用对比与调和，能突出烹饪图案的形式美。

（一）烹饪构图的对比美

对比是指由于物象的形、色、景、质地、组织排列等方面的差异而造成的各种变化。在烹饪图案中，形的对比有方圆、大小、高低、长短、宽窄等；分量的对比有多少、轻重等；线条的对比有粗细、曲直、刚柔、疏密等；质感的对比有软硬、光滑与粗糙等；方向的对比有上下、左右、前后等；色彩的对比有冷暖、明暗等。应用不同的对比要素，可形成不同的造型效果和审美趣味，这将有利于创造独特新颖的画面，取得醒目、突出、生动的效果。

对比的作用在于使两种不同的东西各显其美。如大小对比，以小衬大，显得大的更大，小的更小。又如在乌黑的丝绒上摆放晶亮的宝石，在麻布上刺绣的花纹等，都是通过对比的方式反衬出双方的美感。所要注意的是，对比的应用也有度的问题。过度的对比应用，会使画面陷入杂乱，使画面失去均衡、安定的整体美感。这就意味着，对比的应用应建立在恰当统一的秩序上。只有这样，才能令人赏心悦目。

（二）烹饪构图的调和美

调和的含义有广义和狭义之分。狭义的调和是指统一与类似，概括地讲，调和就是统一，其具体的表现是安定、严肃而缺少变化，如图案纹样的大小相同或类似，色彩相同或相近，制作技法的统一或类似等。广义的调和是指舒适、安定、完整等，一般指意境的和谐，是形成画面统一性的基本方法，对比强调差异，而调和则是弱化差异，需由视觉上的近似要素构图，如形状的圆与椭圆、正方与长方，色彩的黄绿与绿、蓝与浅蓝等，它们相互间差距较小，具有某种共同点，给人一种和谐宁静的协调感。

对比与调和是矛盾的统一体，是变化的一种形式，调和是统一的体现，要注意把握好两者之间的关系，只注意调和会感到枯燥、沉闷；过于强调对比，又容易产生混乱、刺激的感觉，要做到在调和中求变化，在对比中求和谐。如中国戏曲中的开场锣鼓，敲打的震耳欲聋，喧闹之后，引起了观众注意了，这时，一声刚劲幽雅的琴声和清脆的鼓点，又把人们引入“万木无声待雨来”的境界，这是对比与调和所引起的观众情绪的激动。

“万绿丛中一点红”，是一个很好的配色例子。红与绿在色彩上呈互补色的对比。“万绿”是指大面积的绿色，“一点红”则是指一小点的红色。这样的绿和红，由于面积上的绝对悬殊，决定了主色调是调和的，整幅画面中又有对比的因素，很好地体现了对比与调和的辩证关系。如湘菜银耳莲子羹，银耳和莲子为淡黄色，枸杞为红色，红色和黄色既有对比又有协调（图3-34和图3-35）。

图3-34　银耳莲子羹

图3-35　凉拌海带丝

课后练习题

一、单选题

1. 物体固有色就是物体在（　）光源下的颜色。

   A. 荧光灯　B. 白炽灯　C. 标准照明体　D. 日光

2. （　）是用于区别色彩的名称。

   A. 明度　B. 色相　C. 纯度　D. 冷暖

3. 下列哪一项不属于色彩的属性？（　）

   A. 彩度　B. 明度　C. 纯度　D. 色相

4. 下列哪一项不是烹饪立体构图的主要因素？（　）

   A. 形状　B. 肌理　C. 强度　D. 颜色

5. 下列哪一项不是湘菜造型中常用的立体构图方式？（　）

   A. 层面排出　B. 综合构图　C. 渐变构图　D. 块材构图

二、判断题

1. 逆色配是一种烹调中常用的对比配色方法，指的是将颜色相邻或类似的食材组合在一起，以创造出柔和、自然的色彩效果。（　）

2. 顺色配是一种常见的烹调配色方法，指的是将颜色互补或对立的食材组合在一起，以

创造出强烈、鲜明的对比效果。（　）

3. 润色是一种常见的烹调技巧，指的是使用烹调过程中产生的汁液、油脂或其他调料，为菜品表面提供湿润的光泽，并强调食材的颜色和质感。（　）

4. 点缀是一种用于烹调中的装饰方法，指的是在菜肴或饮料表面加上少量或微小的食材或调料，以增加菜品的美观程度。（　）

三、思考题

1. 湘菜形式美法则有哪些？请举例说明。
2. 烹饪图案平面构图方式有哪些？请举例说明。
3. 常见的色彩心理感觉有哪些？

第四章 湘菜审美领域

审美活动是人类的一项不可缺少的精神文化活动，也是人类的一项基本的价值需求。美不是外在于人的存在，而是事物的一种本质属性。美是在人类的历史活动中形成的，根据存在的领域可分为自然美、社会美、艺术美、科学美、技术美等，这些被称为美学的基本范畴。“食”是人的生物本能，是为了维持人的个体生命而存在，在社会生产力发展到一定阶段，人们生活水平提高到一定程度的时候，“食”就不单纯是为了吃饱肚子，而是在吃饱肚子的同时，追求食品的“美味”，味觉快感就转化为精神性的美感。

以长沙、株洲、湘潭为中心的湘东地区，是湖南政治、经济、文化交汇之地，社会活动活跃频繁。这里的烹饪，继承历史之传统，汇集全省之精华，广取海内外之信息，再经名师高手们提炼、融合、升华，创制出具有概括意义的湘菜、湘点，由酸辣寓百味，从酥软出鲜香，尽显刀工、火工之功力。在色、香、味、形上，湘菜既高贵典雅，华彩富丽，又清新淡雅，秀逸素丽，还有质朴古雅，粗放壮丽，是湖南烹饪的典型，中国风味一大流派的代表。面对它的风味特色，食客从未因酸辣而却步，相反为之倾心。本章从自然美、社会美、艺术美、科学美、技术美五个方面阐述湘菜的审美领域。

第一节 湘菜的自然美

“天地有大美而不言”“此中有真意，欲辨已忘言”。自然景致成了内在于人的精神情态并具有精神、情感意义的形象构成。湘菜厨师能够将饮食活动融于自然景致之中，正是基于这样的审美眼光。

一、自然美的概述

自然美是指自然界中的事物本身所具有的属性，包括形状、色彩、体积、对称、和谐等。同时，自然美的内涵是在审美活动中产生的，因此，自然美既受到审美主体的意识和态度的影响，也受到社会文化环境等多方面因素的影响。食材的自然之美则是传统饮食文化中十分重要的组成部分，一方面，食材的自然美体现在原料天然的美感上，例如食材本身的口感、香气、色泽等；另一方面，在烹调过程中，厨师根据自身独特的审美眼光，通过细致入微地处理食材，将其转化为带有情感和艺术性的菜品，赋予食物新的美感。

湘菜作为中国烹饪文化的代表之一，正是以其对食材自然之美的追求而著名。湘菜注重选用当地出产的新鲜、绿色、无公害的食材，并注重保持原汁原味，尽可能不使用过多调料。在烹调技巧方面，湘菜十分精细，强调火候和刀工的掌握，以保证食材的口感和形态最完美地展现。湘菜所打造的美食，不仅富有自然之美，更是凝聚着传统饮食文化中丰富的自然情感和人文意识。

（一）食材自身的美感

食材是餐桌上不可或缺的重要元素，食材的多样性和高品质对于人类饮食的发展和演变有着至关重要的作用。随着时间的推移和文化的发展，饮食活动已经从简单的满足生存需求逐渐演变为同时满足味觉、视觉和心理等多重需求的复合性活动。

食材的品质与美感是创造美食的基础。不同种类的食材都有各自的特点，这些特点主要表现在颜色、形状、质地以及风味等方面，从而形成了独一无二的视觉审美感受。在制作美食的过程中，需要根据不同食材的特性灵活运用，掌握火候、时间等调和之事，使得菜肴的甘、酸、苦、辛、咸味道协调得当，达到完美的口感且营养平衡。正确地选择和搭配食材，可以提高菜肴的美感和食用体验，同时也能够让人们更好地享受食物带来的快乐和满足。

色，指食物的色彩。食材的颜色具有一种天然的美感，在烹饪和加工的过程中，这些颜色会与其他原料相互融合，形成新的色彩和质感，触发观者的品尝欲望，达到自然美和艺术美的高度统一。因此，在饮食中，色彩的搭配要把握好度，不可过度或不足。

香，指食物散发出的香气。在烹饪过程中，菜肴会产生特定的气味，这些气味是由原料和调味料经过化学或物理变化后形成的。香气也是衡量食物美感的重要标准之一。它首先通过嗅觉激活人们的感官系统，然后与色彩、质地和口感共同作用于食者的感官。香气代表了食物的独特“味道”，通过唤起人们对食物的过往记忆，让人们享受食物的愉悦和满足。实际上，民族文化、地理环境、饮食习惯和审美心理都会影响人们对食物香气的理解和欣赏。因此，正确地运用香气可以提高菜肴的美感和食用体验，也可以传承和发展各种地方饮食文化。

味，指的是食物给人带来的味觉感受。每种食材都有其独特的原始味道，而由于调料和烹饪方式的不同，菜品可以表现出苦、辣、酸、甜等多种味道，从而推动了饮食文化的发展。味道在饮食文化中扮演着至关重要的角色。从制作的角度来看，它的形成与烹饪技术密不可分；从美学层面来说，它的形成与中国传统哲学、古典美学中的“中和”“味”等概念息息相关。例如老子曾讲：“为无为，事无事，味无味”。这里的“味”已经超越了食物本身的味道，成为纯粹的审美享受，上升至美学甚至哲学高度。而“中和”则意味着在多样性和差异性中寻求一种平衡，这种美学思想对饮食文化中味道的发展产生了重要影响。通过恰当地运用各种调料和烹饪技巧，可以使味道更加丰富、细腻、有层次，为人们带来更好的食用体验和美食文化享受。

形，指食物的形态、形状，是直接触动食者感官的重要因素。具体而言，“形”包括两个方面：首先，“形”指的是食材在烹饪前的形状，这与饮食中对“味”和“色”的要求密切相关。为了让菜肴更具美感、更容易入味，通常会将食材处理成条状、块状、片状、丝状或其他形状；其次，形还包括摆盘时食物的大小、形状和位置等，在设计和布置时遵循一定的原则。适当运用食品的形状、尺寸和排列方式等手法，可以提升餐桌美感和视觉效果，增强食欲和美学享受。

器，指制作和盛放食物时使用的器具、容器。器具在饮食文化中包含两个方面的含义。第一，用于烹饪食物的炊具和工具。从新石器时期的陶器到夏商周时期的铜器，再到瓷器出现后逐渐定型，现代炊具已经发展出多种材质和形态。制作工具主要指各种处理食材的工具，包括刀具等。第二，盛放食物的器皿。器皿的选择取决于菜肴的形态，例如，盛放炒菜宜选浅口盘，盛放汤类则应选大碗或瓦罐，而摆盘精致的菜肴则需要选用颜色素净的盘子等。在烹饪美学中，“器”同色、香、味、形共同构成了烹饪的审美标准，以及中国人对烹饪美学的传统认知和审美心理。器具的多样化和复杂化是饮食文化发展的外在表现，同时也体现着人们对饮食文化的重视和热爱程度。

（二）厨师的审美活动

传统厨师对自然世界中的食材不是机械地使用，而是主观能动地反映它，将它们的自然属性和特点融合在一起，从而阐述出菜品内在的美。厨师通过菜品将自己的情感和思想发展为一种烹饪技巧和艺术精神，高度体现了厨艺作品的“神”“情”“意”与“象”。

在菜肴的制作过程中，准确运用火候控制、切割、调味等技巧，使食材的本质特点得以在菜肴中得到充分展现。特别是在烹饪山珍海味时，厨师们更加注重食材的本味，并将其与配料进行巧妙结合，给食者呈现出不同的风味，如酱香、五香、甜香、辛香等；为了增强菜肴的视觉效果，激发食客们的食欲，厨师在烹饪时经常运用多种不同的原材料进行组合，从而实现色彩的多样化。如在烹饪过程中适当添加明亮的配色，使本来不够鲜艳的食材变得更加醒目；还有的注重色彩和质地的丰富性，借助外界灯光的照射来增强菜肴的色泽。这种对于食材自然属性的细致把握运用，不仅展示了厨艺大师的高超技艺和审美水平，也反映出中国传统美食文化中对原材料的珍视和尊重。

二、湘菜的自然美

湖湘食材的历史悠久、特色鲜明，早在《吕氏春秋·本味篇》中就记载了“云梦之芹”“洞庭之鱄”“醴水之鱼，名曰朱鳖”等湖湘食材，说明在战国时期，湖湘地区的饮食文化便已经具有了一定的社会影响力和知名度。后来逐渐成为当地的特色食材。湖湘特色食材的含义很广，一般指湖湘本土的、具有特色的烹饪原料。湘菜注重食材的自然美，即食材的天然性。未经人工加工的、原始的质感是影响菜肴品质的直接因素。湘菜强调食材的质感，具体选用上讲究合乎时序、追求生态乡土、推崇名优特产等理念，这些都是湘菜自然美的具体体现。

（一）合乎时序

物产生长和成熟受到自然环境的影响，因此不同生长时期的食材质感存在差异。湘菜强调选材上的时令性和质感，这一理念不仅保证了食材都在最佳状态被使用，也体现了湖湘地区独特的自然环境和人文历史。例如，“寒菌”是湖南地区的特色菌类，具有“嫩而柔脆”的质感，深受湘人喜爱。“寒菌”每年只在清明节和重阳节两个时期生长出来，其中“小而圆、嫩而脆”的扣子大小的寒菌品质最好，因此被称为“扣子菌”。每当这个时节，烹制和品尝“寒菌”便成为湖湘地区的一项重要食俗，各种名品如“寒菌炖母鸡”“寒菌炖猪五花肉”“寒菌烧豆腐”等琳琅满目，其中“菌油”更是柔滑奇香，常被列为重要的馔品。

（二）生态乡土

2023年1月，国务院发布的《关于做好2023年全面推进乡村振兴重点工作的意见》中指出，要推进农业绿色发展先行区和观测试验基地建设，加强生态环保力度。随着人们对健康和环保的关注度越来越高，生态乡土物产也逐渐受到了广泛的认可和青睐。这些食材在生长、养殖和加工过程中不使用化学肥料、农药、激素等化学品，使其更加天然纯正、无污染。同时，这些食材在采摘时通常处于最佳状态，营养成分更加丰富，口感更加鲜美。生态乡土物产符合湘菜选材的要求，成为湘菜烹调的主要食材之一。比如，湖南的“毛氏红烧肉”就需要选用当季新鲜的猪肉，并将它切成薄片，用料酒、老抽、白糖等调味料调味后，再放入炒锅内进行翻炒，同时控制火候，从而使肉质鲜嫩、口感细腻。这种做法不仅能够充分发挥生态乡土物产的风味特点，同时也保留了原料本身的营养成分。如今，生态乡土物产已经成为湘人日常饮食的重要组成部分。

（三）名优特产

湖湘地区以其丰富多样的美食和特色食材而著名，名优特产颇多。如“湘西腊肉”采用当地优质猪肉，经过多次烟熏腌制而成，具有浓郁的烟熏香味和口感；湘菜名菜“冰糖湘莲”，此菜虽制法简易，但对“湘莲”品质要求极为严格，“湘莲”最好选择湘潭所产的“寸三莲”，即三颗莲子直径相加为1寸（约3.3厘米）长，其质感粉糯清香，珠圆玉润，“寸三莲”在汉初即为贡品，为莲中最佳；湘菜名菜“辣椒炒肉”，主料用“宁乡花猪肉”，配料用“樟树港辣椒”和“茶陵独蒜”烹调而成，这种名优特产食材组配极大地提升了“辣椒炒肉”的品质和品牌影响力。湖湘特色食材不仅代表了湖湘地区的饮食文化，也反映了当地的历史和人文风情，这些特色食材富含营养，口感独特，让人们在享受美食的同时也能够领略到湖湘地区的风土人情。

（四）料为之博

作为中国的代表性菜系，湘菜的烹饪原料十分广博，包括禽、畜、鸟、兽、鳖、虾、蟹、海味、蛋奶菌藻、蔬菜瓜果、本草花卉、稻麦杂粮、昆虫野菜等。如湘菜中常见的禽类食材有土鸡、笋壳鸡、竹筒鸡、鸭子等，橙汁焗鸭和盐水鸭是非常经典的湘菜；湘菜中的鱼类食材非常丰富，包括青鱼、黑鱼、鲢鱼、草鱼等，又如剁椒鱼头、豆腐鱼、清蒸松江鲈鱼等都是比较知名的湘菜菜品；湘菜中的海味主要包括鲍鱼、海参、扇贝等，这些食材价格昂贵，但因口感鲜美，也是湘菜中非常受欢迎的食材。湘菜的烹饪原料种类繁多，也是湘菜能够在口感和味道上呈现出如此多样化的原因。在烹调过程中，湘菜厨师们巧妙运用各种烹饪技巧，让每一种食材都能够展现出最好的口感和营养价值。

（五）配为之当

在湘菜的烹制过程中，一个重要的原则就是讲究“配合”。这种配合既包括食材的搭配，也包括调料和烹饪技巧的选择。湘菜烹制的食材非常广泛，从禽类、畜类到海鲜，甚至包括昆虫、野菜等不同种类的食材。在众多食材的基础上，湘菜注重通过合理的搭配来达到口感的协调和营养价值的最大化。例如，制作萝卜炖牛肉时，萝卜配牛肉，鲜香更突出，去膻提鲜，不仅口味独特，在养生疗效上也有一定的功用。同时，在湘菜中，调料的选择也非常重要，它们往往能够让食材的味道更加浓郁、鲜美。如制作“麻辣仔鸡”时，需要使用大量的剁椒、花椒等调料，让鸡肉入味之后更加香辣可口。以食材质地配合，如仔姜烧鸭，仔姜的使用不仅能去膻，更使鸭肉鲜嫩可口。

三、湘菜自然美的影响因素

（一）地理环境

不同季节的温度和湿度对动植物的生长环境有直接影响，产地土壤和水质会影响物产的质感。湖南省地处中国中南部，气候温暖湿润，土地肥沃，适宜各类农作物生长。这种地理环境为湘菜提供了充足的食材来源，厨师能够使用新鲜、优质的食材进行烹制。如湖南汉寿境内的湖泊土层深厚，泥质肥沃，土壤属于微酸性到中性，有机物丰富，所产莲藕洁白、脆嫩、无丝、少渣，享名“汉寿玉臂”；湖南怀化晨溪的“稻花鱼”，鱼被养在稻田中，以水中杂草、昆虫和稻花为食，鱼肉皮薄肉厚，滑嫩微甜，腥味少，被誉为“鱼中珍品”。

（二）食材选择

食材的自然质感是影响菜肴质感特征形成的直接因素，也是食材进行烹饪工艺处理的重要参考依据。食材自然质感的影响因素主要包括季节、种植或养殖方式、食材品种、部位、鲜活度等；同时，物产品种不同导致其所含的化学组织成分不同，质感也有变化。如白心马铃薯淀粉含量高，质感粉糯；黄心马铃薯淀粉含量少，质感脆嫩；甲鱼裙边软糯、腿肉细嫩。“鸡要吃叫，鱼要吃跳”，湘菜讲究原料的鲜活，在动物原料还未进入尸僵阶段时，现杀现烹，可以保持原料最好的柔嫩鲜香质感。

（三）烹饪技巧

烹饪工艺是影响传统湘菜质感特征的主要因素，在烹饪各环节运用的各种烹饪技法，如刀工、火候、调味、上浆、拍粉、挂糊、悬挂、搅拌、摔打、烟熏、晒干或风干、涨发、腌制等，均会对菜肴质感产生一定影响，但不同烹饪工艺对菜肴质感产生的作用和效果具有差异性。湘菜的烹饪技巧十分精湛，比如炒菜时掌握好火候和时间，保持食材的鲜美和营养成分；蒸菜时注意时间和温度，让食材能够完全受热而不失去其原有的口感和营养价值。这些技巧都是为了最大限度地保留食材的自然美。

第二节　湘菜的社会美

一、社会美的概述

不同的社会文化环境会孕育出不同的审美文化和美学范畴，人们的审美观念、价值观、思维方式等均会受到社会文化的影响，从而形成独特的审美标准和美学体系。自古以来，饮食不仅是人类为了满足生理需求，也是人类精神生活的重要组成部分。随着社会的发展，各个地区和民族的饮食文化逐渐形成。在长时间的历史演变、自然环境、社会制度和宗教信仰等多方面因素的影响下，形成了独特的饮食审美倾向，这种审美倾向通过特定的食材、食具、食技、食品、食规、食趣和食典等方面展现出来，既反映了当地居民的生活习惯、爱好、民俗风情、宗教信仰和语言等方面的共识，也蕴含了这个地区和民族的社会、历史和文化背景。

（一）日常饮食生活中的社会美

日常饮食生活中的社会美指的是人们在日常饮食中，所展现出的社交礼仪、文化内涵、审美品位等方面体现出来的美学价值和社会意义，表现为一种生活的氛围给人的美感。例如，中国传统饮食文化注重“有序而不乱”，讲究用餐礼节，品尝食物前要等长辈或主人先行，这些礼节不仅让用餐变得更加优雅，还向外界传递了中国文化的精神内涵和社会价值观念。同时，日常饮食生活中的社会美与审美品位紧密相连，不同的饮食文化强调的审美标准有所不同。例如，中国人讲究“五味调和”“色香味形俱佳”，而法国人则追求“菜肴的协调性和纯正度”。这种审美品位既反映了当地居民的生活习惯和口味偏好，也展示了当地的文化特征和历史背景。

无论是从山川海洋中发掘的奇珍异味，还是平民家庭中的家常菜肴，或是各地街巷上的特色小吃，乃至高档餐厅中的珍馐美馔，不同的食材和菜品都代表着独特的口感和记忆。人们对于不同食物的选择，反映了不同的饮食文化和食礼规范，同时也折射出一定的社会心理、处世原则、思维方式以及审美趣味等精神层面特质。

（二）饮食风俗中的社会美

饮食风俗是指在不同的地区、民族和文化背景下，人们相对固定的饮食习惯和规范。俗话说：“十里不同风，百里不同俗。”这些风俗反映了当地居民的生活方式、历史和文化背景以及社会价值观念等方面的特点，在形式和内容上呈现出多样性和个性化。中国的饮食文化与茶、酒密不可分。茶和酒联系着社会生活的方方面面，这些饮品经常是人们生活中的必需品，它们常常伴随人世的兴衰和悲欢，因而包含丰富的文化的意蕴。在盛唐时期，饮酒在文人生活中占有重要的位置。饮酒给他们灵感，使他们时时刻刻感受到当时作为国际大都会的长安的盛世气象；茶树在中国古代象征着婚姻中的忠贞不渝，因此，在古代一些地区结婚时要种茶树，女子受聘称为“吃茶”。同时，许多地方的情歌也与饮茶有关，表达了人们对于生活和爱情的向往和追求。通过了解和研究饮食风俗，我们可以更好地理解不同文化间的差异和联系，同时也有助于推动多元文化之间的交流和共融。

（三）饮食器具中的社会美

饮食器具指的是饮食活动中用来烹饪和盛放食物的工具、容器等，它们不仅是日常用品，也是反映文化传承和审美意识的载体。饮食器具中蕴含着丰富的社会美，包括工艺美、设计美和文化美等方面。不同制作工艺的饮食器具展现出不同的美感和实用性。例如，中国古代青铜器的制作工艺高超，既兼具装饰和实用功效，又反映出当时的技术水平和文化特征。而现代的陶瓷器和玻璃器则通过精湛的烧制工艺和创新的设计，营造出更加细腻和优雅的美感。

不同文化和历史时期的饮食器具有着各自独特的设计风格和审美趣味，反映了当时的审美标准和文化特征。例如，中国传统器皿的造型多采用动植物的形象，如蝴蝶、花鸟等，这些造型不仅美观优雅，而且寓意吉祥如意。饮食器具的文化美表现在其所承载的文化内涵上。商周时期青铜艺术高度发达，器具不仅是用来盛放食物的容器，也成为贵族阶级身份地位的象征，在饮食活动之余，还被赋予了社会性意义和文化符号价值。随着时代的进步和社会生产力的发展，器具范畴的艺术意蕴和内涵在饮食活动的进步和发展中逐渐丰富起来。

二、湘菜的社会美

饮食文化的精神层次包括饮食观念、习俗及蕴含其中的人文心理、民族特征等，湖湘饮食文化贯穿了湖湘文化的核心理念，充分体现了湖南人“吃得苦、耐得烦、霸得蛮”的坚毅品格。湘人具有热忱、豪爽、负责的本质，近现代以来，更是人才辈出，在中国史上有举足轻重的地位，他们的饮食嗜好及其影响是使湖湘饮食文化闻名全国的一大原因。

（一）日常湘菜中的社会美

湖南人普遍嗜辣，几乎是“无辣不欢”。无论是平日的三餐，还是餐厅酒家宴会，总要有一两样辣菜。湘西苗族和湘黔桂边界的侗族同胞则长期以酸菜作为当家菜。湖南人嗜酸喜辣之风就形成湖南菜肴中独特的酸辣味，在湘菜的诸多调味方法中，最注重的就是酸辣味。此外，湖南人还喜欢吃苦味，浏阳豆豉、苦瓜等带苦味的食材在湖南颇受欢迎。在饮食结构方面，湖南人一日三餐多以大米为主食，辅以玉米及薯类，极少食用面食。副食方面，农村以蔬菜为主，城市则肉食、水果的比重较大。湖南人还喜欢根据节令来制作一些腌菜、干菜、泡菜、榨菜、腊菜，每逢客至，总要端上桌来显示主妇的手艺和持家能力。

另一方面，在菜品设计上，湘菜不仅遗存了历史中形成的优良品格，还兼容并蓄，吸收外来精华，融合其中。人们口味不断追求新、奇、特的烹饪要求，因此湘菜也在不断进行继承、吸收、发展、改进、创新和开拓。近十几年来，全国各地餐饮业进入湖南开店办连锁餐饮也给湘菜融入新的风格，特别是省内各乡土地方菜品农家菜、民族菜、家常菜、新潮菜也给湘菜增添新的内容活力和多方位的发展。西方、东南亚地区等菜系也进入湖南，也让湘菜得以借鉴与发展。

（二）节庆民俗中湘菜的社会美

“一方水土养一方人”，由于湖南特定的自然和社会历史条件，经过几千年的沉淀，形成了独具风味、颇具稳定性的饮食习俗。在婚嫁丧娶等大事中，吃饭总是一个重要的组成部分。结婚时要“喝喜酒”；有人去世，俗称“吃肉”；添了人口，则必须特别庆祝。

湖南地区有许多具有地方特色的节日，这些节日不仅反映了当地人的文化传承和生活方式，还为湖南的餐饮文化注入了新的元素。例如，汨罗龙舟节是湖南地区重要的传统节日之一，节日时会举办吃粽子、赛龙舟等活动。在这个节日里，人们可以品尝到各种口味独特的粽子，感受到浓郁的传统文化氛围和独特的湘菜文化。苗族四月八节也是湖南地区的传统节日之一，节日期间，人们观赏苗家歌舞表演，品尝擂茶等具有苗族特色的美食。这些活动不仅展示了苗族文化的多样性和丰富性，还为湖南的餐饮文化带来了新的创意和灵感。将节日文化与餐饮文化相结合，可以使湖南地区的文化以一种特有的形式得以传承和发扬光大。同时，这也为湖南的旅游业开发提供了新的机遇和可能，吸引更多的游客前来感受湘菜文化的魅力，展示湖南地区的独特魅力和吸引力。

（三）饮食器具中湘菜的社会美

湖湘地区在新石器时代文化遗存分布广泛，以玉蟾岩为源头。湘西北、湘北和湘中地区出土了大量与饮食有关的陶器，这些陶器不仅体现了当时的生产技艺和文化水平，还反映了当地人对于饮食文化的追求和创造力。随着社会的发展，饮食多样化、烹调复杂化、品位精细化乃至艺术化。湘菜烹调技法日益兴起，并促进了器皿制作工艺的改进。这使得与湘菜相关的器皿不断多样化，型制创新，原料也逐渐多样化，包括黏土、玉、金属、竹、木、漆、釉等。湘菜烹调技术的发展，推动了湘菜文化与器皿制作之间的互动，让湖南地区的器皿文化更加丰富多彩，也成为湘菜文化的重要组成部分。

此外，这些器皿不仅呈现了当地人对于饮食的态度和习惯，也体现了湖南地区在器皿制作方面的创造力和技艺水平。这种文化遗风与湘菜文化的发展相互交融，为湖湘地区的文化传承和发展注入了新的活力。

三、湘菜社会美的影响因素

湘菜社会美受多种因素的影响，包括地理环境和气候条件、历史文化传承、社会生活方式和价值观念以及多元文化交流和创新等。由于地域、民族、信仰、习俗等的不同，不同地区的饮食文化具有独有的特征，逐渐形成相对稳定的饮食文化圈。在饮食生活和饮食文化的漫长发展过程中，湖湘地区不同民族、地域的人们在饮食习惯、饮食礼仪、饮食思维等方面的差异越加显著，饮食文化的民族性和地域性也越加突出。这些因素共同作用，促进了湘菜文化的繁荣和发展，使其成为中国饮食文化中一道独特而重要的风景线。

在饮食习惯上，湖南地区有许多不同的民族，如汉族、苗族、侗族、土家族、壮族等。这些不同的民族在饮食方面有着各自的特点。例如，苗族人民喜欢吃辣椒和酸味食物，而土家族人民则喜欢咸味食物，这种差异反映了不同民族的文化差异和地域差异。

在饮食礼仪上，湖南地区的不同民族也存在着一定的差异。例如，苗族人民过年时会在家中摆放五色干果和五色蔬菜，寓意着五谷丰登；土家族人民在宴席上会用烧火棍将热气引到客人座位上，表示热情好客。这些饮食礼仪的差异也反映出了当地不同民族的文化习惯和传统。

在饮食思维方面，不同的民族也存在着差异。例如，苗族人民认为吃辣可以祛寒驱邪，因此他们喜欢在饭菜中加入大量的辣椒；而汉族人民则认为饮食应该讲究营养均衡，因此他们更注重食材的搭配和菜品的做法。这种饮食思维的差异反映出了当地不同民族的文化观念和价值观。

第三节　湘菜的艺术美

湖湘肴馔，形象生动，美观大方，拼摆堆砌，栩栩如生，其造型艺术独树一帜。在艺术审美领域，湘菜之美是不可被忽略的。湘菜的艺术美不仅体现在其造型艺术上，还体现在造型所表达的思想上。

一、艺术美的概述

艺术美是指艺术作品所具有的审美价值和美学特征。在艺术的审美领域主要包括视觉艺术、音乐、文学、戏剧、电影等各种形式。在这些领域中，人们可以感受到不同类型、不同风格、不同时期的作品所传递的情感和思想。同时，不同文化背景的人们也会因为对于艺术的理解方式不同而有着不同的审美体验。在食物的艺术审美领域中，包括味道、颜色、质地、形状以及用餐环境等方面，这些因素影响着人们对于美味食物的欣赏和评价。厨师为制作好的饮食成品赋予各种形状，以形成具有审美意义的视觉图像，只有当厨师的灵魂与人们对饮食成品所注重的要素相融合，配合适当的装饰、就餐环境和氛围，才能真正达到人们内心想象的美味与完美艺术结合的境界，即所谓的“化境”。这样一来，宾客在品尝美饮佳肴的同时，也能够获得深层次的精神享受。

（一）食物形态中的艺术美

食物造型是指在保证食物的可食性和营养价值的基础上，以食物原料本身特性为基础，运用卷、包、酿、刻等多种刀工技法以及切配、烹调、装盘和点缀等手法，设计美观、大方，且使人在欣赏之余更喜食、宜食的创造性饮食活动。例如，线性的造型食材经常在盘、碟子、碗中出现，通过食材在器皿中的艺术呈现，让厨师的思想感情与线条属性相得益彰，从而使食材融入情境中，揭示出菜肴中线条所展现的深刻内涵和本质，同时突显菜肴的艺术价值；整鸡、整鸭及烤乳猪等经过刀工处理后的原料虽然破坏了原料的自然美，但是由于刀工处理后原料形状的多样性与成菜效果的整体美，又转而形成了“形体艺术美”。

（二）色彩搭配中的艺术美

在餐桌上，色彩是构成艺术美的重要因素之一。搭配适当的颜色常常是引人愉悦的先决条件，首先为人们带来美妙的视觉享受，进而增强食欲。从色彩与食欲的关系来看，相较于冷色调，暖色调更容易被人接受。例如，红色能够让人感受到浓郁的香甜，黄色能够带来柔软和清新的感觉，绿色则有着鲜嫩和淡雅的效果，而褐色则让人感受到芳香和浓郁。食物的色彩互相搭配，意味着在利用主料、副料和调料的自然色调的基础上，根据合理的配菜需要，运用美学原理实现菜肴的色泽搭配，具体包括主料和辅料的色泽搭配、原料和汁卤的色泽搭配以及点缀和装饰原料的色泽搭配等。

（三）菜名造意中的艺术美

雅致的菜名能够融入特定的思想感情，形成一种艺术境界。一个既能直接反映菜肴特色，又具有韵味和情趣的美名，确实能为菜肴增添魅力。所谓“菜以美扬，又以名扬”。在中国菜名中，寥寥数语即可使面点菜肴的意境、精髓全然展现，这样的例子比比皆是。例如，“香汁宠绣球”，其中一个“宠”字立刻让静止的菜肴活跃起来；还有“两只黄鹂鸣翠柳”，这个出自唐诗的菜名，将仅由两枝翠绿茼蒿和两个淡黄肉丸组成的菜肴，变成了中国菜肴中造意、造趣的经典之作。当然，只有符合“信、达、雅”原则的菜名才能够被认可。这些菜名既要高雅脱俗，又要形象逼真、符合实际情况。如果随意捏造，就会失去菜品设计的真正内涵。

（四）餐具饮器中的艺术美

餐具饮器的艺术美指通过精湛工艺、优雅造型和独特设计，将其提升为一种艺术品，同时满足实用性要求。制作餐具饮器需要运用复杂的工艺技巧，如陶瓷需进行细腻手工工艺制作，银器需经过精雕细琢；设计也是重要组成部分，好的设计既美观又符合人体工程学；主题与风格也能营造艺术氛围，如中国传统文化元素、现代科技风格等。餐具饮器的艺术美不仅能突显餐桌美学价值，也能反映人们对生活品质的追求。美食与美器的和谐关系，既体现在一道菜与一个碗或盘之间的和谐，也体现在一桌美食与配套餐具之间的和谐。

当美食与恰如其分的餐具相匹配，高低错落、大小相宜、形质协调、组合得当，就能够相互映衬、融合，增强美感，并使人产生更完整的审美感受。这不仅带来视觉上的愉悦，更提高了所品尝美食的质量和食客的体验感，达到“眼福味美”的效果。

（五）就餐环境中的艺术美

食客既品菜，又品环境，美的艺术境界包含了和谐雅致、能够陶冶性情的就餐环境。不同的饮食活动主体也应该在特定的环境下享受美食，通过综合考虑时间、空间、人物、事件等多种因素创造出来的良辰美景，才能充分激发人们的各种审美器官，使饮食的食用价值与美学价值结合，从而使食客享受美食的体验感达到极致。

如长沙的“潇湘酒家”，在环境设计上前后相叠，其间点缀池塘、假山，栽种四季花木，宽敞雅致；“曲园”的外观构建在闹市中也深具园林之趣。亭台掩映，花木扶疏，食客至此，有身处世外桃源之感；位于浏阳地区的“田小狗的饭店”聚焦湖湘田园美学，店内环境布置成田园、农家景象，自然朴实，地域特点突出，无论是室内还是室外的空间营造上，都给人一种舒服且亲近的自然感；长沙市的“乌龙山寨”围绕“中国风、民族情、湘西味”的文化理念，坚持“弘扬湘西特色民族文化，促进民族餐饮发展”的创业宗旨，是一家原生态民族文化餐饮企业，从店内环境装饰到服务礼仪处处彰显湘西苗族文化元素。

二、湘菜的艺术美

湘菜在制作过程中，厨师的创作目的是以“借形抒情”为核心，通过追求简约、创新和平淡稚拙的内容与形式，实现其对食材进行再设计和提升的过程。这种理念需要借助艺术手法和技巧改造传统食材，以满足现代人的口味和审美需求，从而创造出更加优美、丰富的美食文化。

湘菜厨师在湘菜质感设计中，追求菜品质感的极致体验。例如，湖南省省级非物质文化遗产——湘菜烹饪技艺（祖庵家菜烹饪技艺）中，一道“祖庵豆腐”的制作技艺就完美体现了湘菜厨师对菜品质感的追求：将豆腐表面的粗皮去掉，筛成细泥，并加入鱼肉蓉、鸡蛋清搅拌后蒸制成形，使豆腐的细嫩质感达到极致，成为湘菜中的经典菜品。此外，湘菜名菜“花菇无黄蛋”，则通过将鸡蛋壳打一个小洞，取出蛋清和蛋黄，将蛋清兑入鸡清汤调味后灌入鸡蛋壳中蒸熟，以丰富的口感和成品的细腻度展现了湘菜在质感设计上的创新理念，大大增强了质感的审美效果。这些湘菜名菜的质感设计突破传统，以极致的菜品质感提升湘菜的艺术美。

三、湘菜艺术美的影响因素

传统饮食造型手法也激发了人们的食欲，例如在中国南方的面点造型，厨师运用写实和写意等艺术表现手法，将现实生活中的物象和臆造的形象，真实自然、生动有趣地呈现给饮食者，从而在视觉与精神上提升了用餐者的满意度和舒适度。

在地域文化上，湖南地区悠久的历史和丰富多彩的文化传统，为湘菜注入了独特的地方特色和文化魅力，对湘菜的艺术美感具有深远影响。湘菜注重口味鲜明、食材丰富、调味多样、烹饪技巧精湛等特点，体现了湖南人民勤劳智慧、好客豁达的精神风貌。

在烹饪技艺上，湘菜烹饪技艺的独特性，在于火候控制、调味方法等方面的处理，这些都对菜品的质感和口感产生着重要影响。通过精准的火候控制，湘菜能够让食材保持原有的口感、质地和营养价值，同时达到最佳的口感效果。其次，湘菜的调味方法也极其独特，通过细致的调味，让汤汁的味道更加浓郁，同时又不会让人觉得过于沉重或刺激。除此之外，湘菜制作中还有很多其他独特的烹饪技艺，如干锅、红烧、熏制等，这些技艺的运用也为湘菜的烹饪提供了更多的可能性和创意。

在食材选择上，湘菜选用的食材种类广泛，包括从山珍海味到普通蔬菜等各种食材，为湘菜烹饪提供了充分的素材资源。这种多样性不仅使湘菜在菜品创意和变化上拥有更大的空间，还能够让人们享受到丰富、美味、营养均衡的饮食体验。对于烹饪者而言，掌握多样的食材选择不仅能够锻炼厨艺技巧，还能够创造出更多色香味俱佳、充满想象力的菜品，让人们对于湘菜的魅力进行更深层次的理解和欣赏。

在创新意识上，湘菜以"借形抒情"为核心理念，注重在菜品的烹饪和摆盘上寻求新的突破，不断尝试新的配料和烹饪方式，为湘菜的艺术化和时代化注入了强大的推动力。湘菜主厨们的创新精神和开放性使得湘菜能够持续不断地推陈出新，满足人们对于口味多样化和个性化的需求，在摆盘方面，湘菜也非常注重创意和艺术性，以让菜品更具观赏性和美感。同时，湘菜还注重与时俱进，融入了现代的烹饪理念和技术。湘菜主厨们正在积极探索新的烹饪方式和配料，使得湘菜能够更好地适应当今社会和人们的需求。

第四节 湘菜的科学美

湘菜注重对食材属性的理解，也注重对烹饪科学的掌握。湘菜烹饪技艺演化至今，相关技法日益复杂、做法也日渐考究，但归根结底，烹饪依然是关于饮食的科学，以科学的角度探究、优化烹饪技法是湘菜长远发展的重要保障。

一、科学美的概述

"科学美"是一种独特的美感体验，在物理学理论和定律中得以最好地表现。它强调了简洁、对称、和谐和统一之美，是一种诉诸理性和智力的美感，因此也被称为理性美。科学美主要包括两个方面的内容：一是科学作为审美对象所具有的内在即规律性的和谐美；二是人作为审美主体在科学活动过程中产生的美感。

烹饪是一门需要灵活运用理论知识和实践技能的艺术。在烹饪过程中，对食材属性的了解至关重要。烹调加工过程中，我们需要深入了解原料的天然特性，同时了解原料成熟过程中可能发生的化学和物理变化。基于菜品制作最终要实现的目标，应使用相应的烹饪技法，通过原料的主要特征来协调其他特征，摒弃或掩盖缺陷，保持原料个性，呈现其真实口感，达到“增之一分嫌长，减之一分嫌短”的境界。

二、湘菜的科学美

湘菜的美不仅在于它独特的风味和调料，还在于它对科学技术的深入应用，如色彩的搭配、营养的搭配等都离不开科学原理的指导。

（一）原料选用中的科学美

科学地选择原料，可以充分发挥其营养价值和特点，从而提高菜肴的品质。首先，选择新鲜、优质的食材是关键。新鲜的食材口感更加鲜嫩，味道更加鲜美，并且营养成分也更为丰富。因此，在选购食材时，我们应该注意它们的新鲜程度和品质。据食品学研究，动物原料宰杀后会经历尸僵、成熟、自溶和腐败四个阶段，其中在成熟期的肉质口感最佳，湘菜名菜“水煮活鱼”“云耳焖鸡”“麻辣仔鸡”“子龙脱袍”等肉类菜肴均利用食材处于最佳质感状态时进行烹制。

其次，了解不同食材的物理化学特性和品质指标，可以帮助我们更好地选择原料。例如，对于肉类食材，可以根据肉质的颜色、弹性、纹理等方面的指标来判断其品质；对于蔬菜类食材，则可以根据外观、气味、质地等方面来评估其品质。

根据不同菜肴和烹饪方法的需要，合理选择、搭配食材，也是非常重要的。例如，酸甜口味的菜肴通常会搭配柿子椒、山楂等酸味食材，以增加菜肴的口感层次；烧烤类菜肴则通常会选用牛肉、羊肉等富含优质蛋白质和脂肪的食材，以增加口感丰富度。

（二）烹饪方式中的科学美

湘菜是中国著名的地方菜系之一，其质地、口感和色泽等方面皆有与众不同之处。湘菜名菜的质感集中体现在嫩、脆、酥、糯、烂、肥六类，其中每类质感中又可细化为多个相关质感。随着湘菜不断发展，其质感内涵更加丰富，例如“香煎粉蒸肉”的松脆软嫩、“衡东脆肚”的肥嫩柔脆、“辣椒炒海参”的弹滑脆嫩、“刨盐鱼”的紧实鲜嫩、“红煨蹄筋”的肥腴柔软、“雷公鸭”的油润酥软等，这些均是湘菜质感美的具体特征。同时，湘菜的色彩非常艳丽，多采用红色、橙色、黄色等明亮的色调。例如，经典的湖南名菜“口水鸡”就有着鲜艳的红色调，而“剁椒鱼头”则带有一抹翠绿色，让人看起来食欲大开。

湘菜在烹调过程中，不仅注重口感和色泽等物理性质，也会考虑化学反应的影响，以进一步提高菜肴的美味程度。一方面，湘菜通常会使用各种调味料、香料和药材，这些原料中含有多种有机物质，如醛、酮、酸、酯等，它们在烹调过程中会发生复杂的化学反应，产生各种芳香、辛辣、鲜美等味道和香气。另一方面，湘菜的烹调方法也会使食材产生不同的化学变化，从而形成不同的风味与香气。例如，“水煮活鱼”是一道经典的湖南名菜，其将鱼片放入开水中迅速加热，瞬间形成外围熟透、内部保持嫩滑的特殊口感。这种烹饪方式可以使鱼肉中的蛋白质迅速凝固，避免了蛋白质老化和变性，从而保留了鱼肉的营养和口感。同时，在烹饪过程中使用的油、盐、酱等调味品，也会与食材中的营养成分发生化学反应，影响菜肴的口感和营养价值。如在制作湘菜“杀猪肉”时，选用刚宰杀的猪前腿肉、猪肝、猪血等新鲜材料，搭配大蒜叶、辣椒粉和其他调料，采用湘菜小炒技法高火快炒而成，这种做法保持了猪肉柔嫩的质感，并在加热过程中使菜肴散发出浓郁的香气和风味。

三、湘菜科学美的影响因素

在原料选用上，原材料的新鲜程度对湘菜的科学美具有一定影响。选择新鲜、优质的食材是烹制美味湘菜的基础。科学地选择原料可以充分发挥其营养价值和特点，从而提高菜肴的美味和品质。通过机械敲击、悬挂可以使动物肌肉组织分离和肌纤维断裂，质感更加细嫩；搅拌、摔打可以增加动物肌肉组织的持水性，使原料嫩度增加；烟熏使原料水分挥发，质感变得坚硬，蔬菜原料经过脱水，原料爽脆度明显增加。

在烹饪方法上，不同的烹饪方式会对食材产生不同的影响，因此科学选择烹饪方式并灵活掌握其技巧，可以让食材充分发挥其特点和营养价值，进而提高菜肴的美味和品质。湘菜注重火候和时间的控制，这可以让食材更加入味、口感更加丰富。在烹饪过程中，需要根据不同菜肴和食材，精准掌握火候和烹制时间。通过掌握加热时间和火力大小，可以改变原料的质感，使其从滑嫩爽脆到酥烂脱骨，实现原料质感的飞跃。同时，盐、糖、酒等调味品也会对原料产生物理渗透作用，因此科学使用调味品也能在一定程度上提升原料的质感和风味。例如，在制作肉泥时，加入食盐可以促使肌肉组织中的盐溶蛋白和其他营养成分释放出来，增强蛋白质的吸收，并使得肉泥更加细碎、软嫩。

通过高温油炸，动物原料蛋白质变性凝固，表面迅速脱水，形成酥脆的质感。长时间水煮则会使原料软烂。经过上浆、加热后，淀粉糊化、蛋白质变性，在原料表面形成一层薄的保护层，有利于保持肌肉组织中的水分，增加嫩度，因此过油后易形成表面酥脆的质感。将原料裹上糊并进行油炸处理，则可以在表面形成较厚的保护层，使得原料形成外酥里嫩或外焦里嫩的质感。

第五节 湘菜的技术美

技术美不同于艺术美，它不能撇开产品的实用功能去追求纯粹的精神享受，湘菜的技术美是建立在食用性基础上的，因此其主要的目的是使菜品成熟、美味并兼顾美化功能。

一、技术美的概述

技术美学是一门探究技术产品的审美价值、实用功能和人机交互关系的科学，其核心在于审美设计。与传统的艺术美学不同，技术美学旨在将物质与精神、功能与审美有机地结合起来，以满足人们对于技术产品美感和实用性的双重需求。在机械化大工业时代背景下，人们越来越注重对工业产品的外观设计和生存环境的美化，这也促进了技术美学的发展。技术美学研究的范围广泛，涉及机械、电子、信息、材料等多个领域，对于提高产品的品质、降低生产成本、提高市场竞争力都具有十分重要的意义。

随着生产技术和食物知识的不断发展，烹饪过程中逐渐摸索出去腥、加温、调味等方法，能够改变食材的性质以满足口感和身体需求。人们逐渐掌握了水濡、火烹、烧烤、曝晒、烟熏、风干、冰镇、发酵等加工手段，可以有针对性地生产各种食品，并形成了食品制造学。在厨师的手中，看似平凡无奇的食材也可以变成美味可口的佳肴。传统饮食非常注重刀工，刀工是必不可少的一部分。厨师们使用各种刀具将食材切割成各种美观的形状，再通过蒸、炸、炒、煨和煮等方式加工，使得食材不仅美味，同时也具有视觉上的美感。

（一）饮食中的技法美

厨师把食材进行多样化的技艺制作，将传统饮食与艺术审美相结合，可以不断提升传统饮食的知名度。传统厨师在制作菜肴的时候，强调扯、煮、拌、晒以及蒸等烹饪技法，使得菜品的制作过程形成一种视觉盛宴。例如，不同的煮法可以带来不同的口感和营养价值。干煸能够使肉类表面形成焦香的外皮；拌匀可以让不同食材充分融合，使得菜肴口感更加丰富；烹制时温度、时间、火候都会对食物产生影响，需要根据不同的食材选择适当的烹制方式和时间。

（二）饮食中的刀工美

中国传统饮食中的厨师刀法有片刀法、剁刀法、劈刀法、拍刀法、平刀法、斜切法、直刀法、剞刀法，用这些刀法可将原料制作成片、块、丝和碎状的食料。在传统的饮食文化中，很多菜肴都是厨师用极其熟练的刀工将一些现实物象或者抽象物象进行写实或者夸张性地呈现在盘子之上，运用写实、写意以及象征等造型手法，令地域饮食文化与菜肴的造型相得益彰，体现中国传统饮食文化的博大精深。

（三）饮食中的调和美

在传统饮食中，调和美是一种主要的审美标准，它既包括了食物本身的质地、口感、营养价值等方面的考虑，也涉及与味觉、形状等因素的协调。例如，“滑嫩爽脆不失其味，酥烂脱骨不失其形”，就体现了传统饮食中追求质感适度之美的思想。食物的质地应该适中，既不能太老硬，也不能过于柔软，如烤羊排，要求外焦里嫩；湘菜中的腊肉炒豆腐，要求豆腐软嫩入味，腊肉有香味而不过于咸。食物的口感应该适度，既不能太干燥粗糙，也不能过于湿润松软，如京酱肉丝，要求肉丝口感爽脆，但不至于过于油腻。食物的形状也要尽可能地和其他风味特征协调一致，如糖醋里脊要求色泽金黄，形状方正，口感酸甜，外酥里嫩。

二、湘菜的技术美

（一）湘菜火候掌控的技术美

在湘菜烹饪技术中，“火候”是最为关键的因素。任何一道湘菜的成败都取决于火候的掌握。湘菜烹调时，文火、武火、大火、小火、微火、死火、活火、明火、暗火和余火等各种火候都需要精准地掌握和使用。在烹制的每一个环节，厨师需要根据不同的原料和口感要求等因素，来精确控制每一道工序的火候。控制火候的技术是湘厨们的基本功。

湖南特有风味“火焙鱼”，就是选从河里捉来的寸长小嫩子鱼，经过静养，再将小嫩子鱼摆在平底锅中用柴火小火慢焙。嫩子鱼由白变黄，由腥变香，露出白嫩的鱼肉后，便成为“火焙鱼”了。这里强调“慢火”焙干，就是火力很小，加热时间较长，才使得“火焙鱼”形成不黏油、不焦枯、酥中含软、韧里带酥的质感。还有用小火长时间煨制而成的湘菜名菜“酱香四方肉”，此菜肥而不腻，入口即化。湘菜烹调师擅于通过掌控火候，使湘菜质感达到理想状态。

（二）湘菜调味的技术美

湘菜之所以成为独具特色的风味，是因为其独特的调味技术和突出的“味”感。在湘菜的烹饪过程中，调味是至关重要的环节，而湘菜的调味技术手段非常多，能够在各个环节产生微妙的味道变化。在加热前调味，湘菜厨师会根据菜品的需要，在配料、腌制等环节中加入各种调味品，如盐、糖、酱油、料酒、姜、蒜等，以达到提鲜、去腥、增香等效果；在加热中调味，湘菜厨师会根据不同的工序和菜品要求，在进行火候掌握的同时，适时地加入各种调味品，如花椒、辣椒、豆瓣酱等，以使菜肴更加入味；在烹饪后调味，湘菜厨师也非常重视，他们会利用汤汁、主料、辅料、味料等多种元素，来调配出新的复合味道，使菜品口味更加丰富。

（三）湘菜刀工的技术美

湘菜的刀法多达几十种，每种刀法还有不同的变化。例如，“切”有直刀切、推刀切、拉刀切、滚料切、锯切、推拉切、铡刀切等；“片”有推刀片、拉刀片、斜刀片等；“剞”有直刀剞、拉刀剞、推刀剞等。此外，还有许多其他刀法，如批、剖、砍、剁、敲、捶、砸、雕、刻、塑、旋、镂等。对于各种花样刀法，湘菜还有更为严格和细致的要求，如十字花刀、佛手花刀、菊花花刀、蓑衣花刀、麦穗花刀、玉米花刀、兰草花刀等。这些精湛的刀工技艺，使得湘菜的外观独具姿态。

精湛的刀工运用，使得湘菜制作出来的菜品外观十分精美。例如，“发丝牛百叶”切出的牛百叶细如发丝，均匀一致；“菊花鱿鱼”则像朵朵菊花一样绽放，令人叹为观止；“红煨八宝鸡”将整只鸡剥皮不带骨，盛水不漏，不但造型完整，而且肉质鲜嫩酥润，吃时满口生香。这些菜品不仅是湘菜中的精品，也是一件件独特的艺术品。

（四）湘菜工艺的技术美

湘菜的技术美具体体现在烹饪的各道工艺中。以湘菜名菜“酸辣凤尾腰花”为例，成品的主要特点是“脆嫩”，而这种质感的实现需要选料、切配、上浆、滑油、兑汁、烹调等诸多工艺环节的密切衔接。在选料方面，该菜品使用新鲜猪腰，去除腥臭后，采用凤尾花刀来使猪腰更好地入味和更快熟化。为了突出主料的脆嫩特点，还加入了酸辣椒、蒜苗等脆嫩的辅料。在烹制过程中，为保持腰花的水分和增加脆度，腰花用盐、湿淀粉上浆处理，并迅速下入六成热油温过油。为了缩短加热时间、保持嫩度，烹调时使用芝麻油、湿淀粉、醋等调味品兑汁，并在旺火下爆炒，使得腰花呈现出脆嫩爽口的质感。因此，“酸辣凤尾腰花”又称“抢火菜”，其成功之处在于各个烹饪环节的完美配合，从而产生了质感的和谐之美。

三、湘菜技术美的影响因素

在调味方法上，湘菜中辣、酸、甜、咸、苦等味型都有，而配料的搭配则会影响菜品的口感和味道的层次感。配料搭配需要考虑到不同食材之间的相互作用，以及整个菜品的整体口感。在烹制进行中按不同的菜肴质量要求，调味前进行适当的组合调制，讲究“相物而施”。对各种调味料的清浓、稀稠、多少、新陈，加以严格选用和区分，以产生不同的味型，达到主味突出、咸鲜其中、回味无穷的味道层次。即使是一个“辣”味，由于采用不同的辣品调味，如干辣椒、辣椒粉、辣椒油、鲜辣椒、朝天椒、黄蜂辣椒等，虽然都是一个“辣”味，但可制作出不同类型，有轻微带辣，有香鲜见辣，有酸辣鲜浓，有刺激浓辣，通过不同荤素配料的巧妙组合，产生千变万化的浓郁湘味。

在刀工技法上，湘菜以刀法精妙著称，刀工对菜品的质感、口感和视觉效果都具有重要影响。在湘菜中，精细的刀工可以使食材更加薄、软和爽脆，增强食材的口感，改善菜品的风味。而对于部分需要保持原汁原味的食材，如鱼肉、虾仁等，则采用斜切、竖切、慢切等技巧，以保持食材的完整性和质感。

在烹饪方式上，湘菜的烹饪技法需要厨师经过长期实践才能熟练掌握。烹调技巧的掌握直接关系到菜品的质感和味道。如一料多质法，在一种主料的基础上进行巧妙创新，能够形成不同的质感特征。湘菜名菜“鱼三味”“一鸭四吃”“一鸡三味”等均运用了此法，“鱼三味”就是一份主料为鳜鱼的菜肴，烹制成熘鱼片、炒鱼丁、椒盐鱼排，三种不同质感风味。渐变手法，讲究循序渐进原则，一般为由软到嫩、由酥到脆、由强到弱等视食材具体应用。“麻仁香酥鸡”，食用时，依次产生松软、酥脆、软嫩的层次渐变的质感。“协同手法”是指两种或两种以上相似质感的食材组配一起，使湘菜质感产生协同增强的效果。湘菜的组配遵循“嫩配嫩”“柔配柔”“脆配脆”等协同原则。湘菜质感的反差手法，体现在食材主配料的质感分辨度之间的较强反差效应。

课后练习题

一、单选题

1. 审美活动是人类的一项不可缺少的(　　)文化活动，也是人类的一项基本的价值需求。

A. 精神　　B. 社会　　C. 艺术　　D. 生活

2. (　　)每年只在清明节和重阳节两个时期生长出来，其中“小而圆、嫩而脆”的品质最好，因此被称为“扣子菌”。

A. 鸡枞菌　　B. 寒菌　　C. 羊肚菌　　D. 牛肝菌

3. 民俗风情、节庆狂欢、休闲文化、旅游文化等都是特殊的社会生活形态，是（　）的重要领域。

A. 技术美　B. 科学美　C. 自然美　D. 社会美

4. 在餐桌上，（　）是构成艺术美的重要因素之一。

A. 色彩　B. 质地　C. 口感　D. 气味

5. （　）是一种独特的美感体验，在物理学理论和定律中得以最好地表现。

A. 技术美　B. 科学美　C. 自然美　D. 社会美

6. （　）是一门探究技术产品的审美价值、实用功能和人机交互关系的科学，其核心在于审美设计。

A. 技术美　B. 科学美　C. 自然美　D. 社会美

7. （　）是指自然界中的事物本身所具有的属性，包括形状、色彩、体积、对称、和谐、典型性等。

A. 技术美　B. 科学美　C. 自然美　D. 社会美

8. 湖南特有风味（　），就是选从河里捉来的寸长小嫩子鱼，经过静养，再将小嫩子鱼摆在平底锅中用柴火小火慢焙。

A. 酸菜鱼　B. 水煮鱼　C. 火焙鱼　D. 腌鱼

9. 在湘菜制作过程中，厨师的创作目的是以（　）为核心，通过追求简约、创新和平淡稚拙的内容与形式，实现其对食材进行再设计和提升的过程。

A. “借形抒情”　B. “借景抒情”　C. “借意抒情”　D. “借味抒情”

10. 饮食文化的（　）包括饮食观念、习俗及蕴含其中的人文心理、民族特征等，充分体现了湖南人“吃得苦、耐得烦、霸得蛮”的坚毅品格。

A. 社会层次　B. 技术层次　C. 艺术层次　D. 精神层次

二、判断题

1. 在饮食中，色彩的搭配要适量、适中，把握好度，不可过度或不足。（　）
2. 湘菜作为中国烹饪文化的代表之一，正是以其对食材自然之美的追求而著名。（　）
3. 在烹饪过程中，菜肴会产生特定的气味，这些气味是调味料经过化学或物理反应后形成的。（　）
4. 器皿的选择与菜肴的形态无关。（　）
5. 不同季节的温度和湿度对动植物的生长环境有直接影响，产地土壤和水质会影响物产的质感。（　）
6. 在长时间的历史演变、自然环境、社会制度和宗教信仰等多方面因素的影响下，形成了独特的饮食审美倾向。（　）
7. 中国传统饮食文化注重“有序而不乱”，讲究用餐礼节，如品尝食物要先于长辈或主

人，这些礼节不仅让用餐变得更加优雅，还向外界传递了中国文化的精神内涵和社会价值观念。（　）

8. 餐具饮器的艺术美指通过精湛工艺、优雅造型和独特设计，将其提升为一种艺术品，但无法满足实用性要求。（　）

9. 湘菜的美不仅在于它独特的风味和调料，还在于它对科学技术的深入应用。（　）

10. 在原料选用上，原材料的新鲜程度对湘菜的科学美影响不大。（　）

三、思考题

1. 请阐述食物造型的概念。
2. 请阐述湘菜自然美的影响因素。
3. 请阐述湘菜技术美的内涵。

第五章 湘菜的美感

湘菜美感是指由客观烹饪对象的审美属性引起的人们感情上愉悦的心理状态，包括感觉、知觉、想象、情感、思维等心理功能在审美对象的刺激下交织活动形成的心理状态。人们通过感官对烹饪产品产生感觉（视觉、听觉、嗅觉、味觉等），是美感产生的起点。

湘菜之美无外乎色、香、味、形、质。观之悦目、闻之沁心、食之可口，让五官跃动是湘菜厨师造诣之高的具体表现。

第一节　色的美感

“色、香、味、形、质”是对湘菜菜肴好坏的最直接和最显著的感官评价指标。“色”是人们对烹饪菜肴的颜色或色泽的视觉感受，“色”为菜肴感官评价指标之首。早在春秋时期，孔子曰：“色恶，不食”。张起钧先生曾在他的《烹调原理》一书中提到：“先声夺人不如先色夺人。”

一、湘菜色泽的来源

湘菜的色泽主要来源于以下几个方面：烹饪原料的自然色泽、烹饪加工前的配色、烹饪过程中的着色、装盘过程中的缀色等。

（一）烹饪原料的自然色泽

湘菜擅用原料自然色泽进行调色，在植物性原料中，有叶绿素、类胡萝卜素、黄酮类色素、花色苷类色素、酯类化合物和其他类色素以及单宁等。如红色的番茄、红椒、鲜肉、辣椒油等；绿色的青菜、黄瓜、青椒、菠菜；紫色的茄子、紫菜头、紫甘蓝；黑色的木耳、黑米等，这些色彩正是菜肴原料自然美的体现。

湘菜传统名菜“剁椒鱼头”，利用剁椒火辣的红色展现出红红火火的意境，给人以食欲。

（二）烹饪加工前的配色

湘菜中，很少看到某道菜肴是由单一原料制作成的。大多数菜肴均为配合烹制，即由两种或两种以上的原料组配烹制。菜肴色彩的组配有两种形式：同类色的组配和对比色的组配。

1．同类色的组配

同类色的组配也叫“顺色配菜”或“顺色配”。即所配的主料、辅料必须是同类色，它们的颜色相同，只有明度不同，产生协调而有节奏的效果，如韭黄炒肉丝。另外在选择餐具的时候也应遵循这一原则。

2．对比色的组配

对比色的组配也叫“花色配”“逆色配”。即把两种或两种以上不同颜色的原料组配在一起，成为色彩绚丽的菜肴。在色相环上相距120度左右的两种颜色称为对比色。如双色鱼丸，绿、白两种颜色对比分明，干净热烈，使人感到鱼丸鲜嫩、味感丰富。

（三）烹饪过程中的着色

1．有色调味品的应用

在烹饪菜肴过程中，尤其是烹饪异味重的动物性原料，一般在烹饪之前要经过预先去味或腌制的过程，在这一过程中使用的，如酱油、醋、黄酒等有色调料进行预处理，也成了原料的着色过程。各种有色调味品直接调配菜肴色泽，对菜色的形成和转变有着直接的作用。

2．着色剂的应用

烹饪中较为常用的着色剂主要包括天然色素和人工合成色素。其中天然色素分为：植物色素，如叶绿素、类胡萝卜素、花青素等；动物色素，如血红素、卵黄和虾壳中的色素；微生物色素，如红曲色素。烹饪中常见的有叶绿素、类胡萝卜素、红曲色素等。在烹饪中允许使用的人工合成色素，主要包括苋菜红、胭脂红、日落黄、柠檬黄等，人工合成色素具有色泽鲜艳、化学性质稳定、着色力强的特点，但这类色素对人体有害，因此需要严格控制使用量。

3．烹饪中的自然成色

烹饪自然成色，即烹饪原料在加热过程中，没有添加任何有色的调味料，烹饪原料自身含有的各种成分所引起的综合反应成色。菜肴原料在加热过程中，自身含有的营养物质、呈色物质等都会在加热的条件下发生化学变化，改变其原有的组织状态和色泽。

菜肴原料中的色素、糖类、蛋白质、脂肪等产生的一系列反应。如菠菜、青菜等绿色蔬菜类原料经过焯水或加热处理，颜色可以变得更翠绿或变暗，是因为叶绿素在瞬间的加热过程中，水解成呈鲜绿色的叶绿酸盐，使绿色更绿，且其在弱碱性冷却过程条件下更为稳定。而如果加热过度，就会破坏这一状况，色泽转而变暗。水产类原料中，如虾蟹类经过加热后，青褐色的虾蟹外壳中所含的虾青素会发生变化而呈红色。红色肉类原料，如猪肉中所含的主要呈色物质是血红素，经过加热处理，其所含的血红素中的亚铁极易被氧化成高价铁，从而失去鲜红色而变成灰白色等。

4．烹饪中的调味品复合成色

中国美食不仅体现滋味的美，另外其呈色的美也是重要指标之一。中国烹饪工艺是一种复杂的调配工艺，就其添加的调味品而言，数量不下数十种，有的菜肴多达几十种。与此同时，烹饪中所使用的各种调味品也构筑了丰富的菜肴色彩。在烹饪过程中使用某些调料，通过加热产生一定的化学变化才能产生相应的颜色。例如著名的北京烤鸭，烤乳猪等菜肴中使用的酱油、饴糖、蜂蜜、麦芽糖、黄酒等。其调料的用量及比例，直接关系到菜肴的色感。

（四）装盘过程中的缀色

红花还需绿叶配。一道美味佳肴出锅，但没有适度的衬托，整个菜肴呈现效果会受到某种程度的影响。一般情况下，烹饪后菜肴的点缀，可根据菜点的寓意，在成品或半成品的表面及周边适当位置点缀各种颜色或装饰性的食用物料（如红樱桃等）来美化或烘托菜品主题，使之更加形象逼真。它是烹饪过程或烹饪后续的深化与完善，也是烹饪之外物质享受与情趣享受的融合，深刻地展现了湘菜文化与艺术的审美思想。

另外，影响和形成湘菜菜肴色泽的还有诸多因素，如烹饪原料的产地、季节、质地的老嫩、在烹饪加热过程中的时间长短、烹调中火力的大小、油温的高低、水温的高低等都会直接或间接影响菜肴的色泽。

二、烹饪菜肴色泽的调配原则

（一）遵循食品安全的原则

在烹饪调色过程中，要以食品安全为前提，严禁使用未经允许的食品着色剂，对于无毒无害的天然色素，尽量不用或少用。对于人工合成色素，要严格控制其使用剂量。

（二）遵循营养健康的原则

菜肴的色泽运用，还要符合营养需求。一些传统菜肴色泽虽然艳丽，但不符合营养卫生，不可取，如菠菜与豆腐同煮，极易形成草酸钙，影响胃的消化吸收。因此烹饪时应同时考虑烹饪技法带来的营养成分变化，遵循营养健康的原则合理烹调。

（三）突出菜肴原料本色的原则

调色的主要目的是赋予菜肴原料色泽，但并不是所有的菜肴原料都需要赋色，例如绿叶蔬菜类，应该以突出其本色为佳，诸如此类。大多数情况下，是菜肴原料味淡或有异味的动物性原料，需要使用有色的重口味调料达到调而盖之的目的。烹饪菜肴调色应突出其本色，恢复菜肴原料自然的色彩。

第二节　形的美感

湘菜菜肴讲究“形”由来已久。早在春秋时期，孔子曾有“割不正不食”之说，湘菜受之影响较大，不断创新“形”的美感，对丰富花色菜的制作，湘菜烹饪技术的发展和提高，起到了很大推动作用。

由于原料品种繁多，烹饪方法多样，制成的菜肴式样也是千变万化。菜肴式样的产生，也就是菜肴“形”的构成。归纳起来，形的美感大致可以分为三种类型。

一、原料自然美

这是利用鸡、鸭、鱼、猪（小乳猪）整只原料来烹制菜肴（如八宝鸭、红烧全鱼、油淋仔鸡等），菜肴制成后，一般均保持原料的自然形态，这种方法一般基于两种需要：一是提高菜肴的档次需要。因为菜肴的档次，除运用别致的烹调方法提升外，最主要的即是菜肴本身的用料是否高贵丰盛。然而以原料自然形构成的菜肴，最能突出和展示原料内容。所以一些高档筵席，常配上一些用整只原料烹制的菜肴，借以提高筵席档次。

二是适应烹调的需要。因为同样的原料，由于切配方法不同，其烹调效果也不一样。如清炖整鸡比清炖小块的鸡肉好吃。另外，有些菜肴如“八宝鸭”“怀胎鲫鱼”等，因内需填入馅心，必须采用整只烹制。

二、原料成形美

这是将原料先进行解体分档，然后根据需要加工成片、丝、条、块、丁等形状，并以此为基本单位组成菜肴。原料切割成哪种形状，应根据原料的质地、烹调方法、方便食用、美化菜肴等多方面因素考虑。如将鱼肉加工成片，根据鱼肉中有无细刺，所用的刀法也不相同。动物性原料因受自然形状的约束，一般难以切成较规则的片状，影响菜“形”的美观，因此在配料上对“形”的要求较为严格。历代厨师创造出多种形状，诸如“一字条”“长方形”“菱形”“三角形”“棋子形”以及用剞刀法处理的各种形状，借以弥补主料不规则的缺陷。这既易于调味，也有利于美化菜“形”。

三、原料加工美

这是将原料加工成泥、蓉、末等形状，再加工成特定的形状，并以此组成菜肴。这种方法应用广泛，特别是花色菜，常用的加工方法有以下几种。

（1）用手捏制法　这是最普遍又较常用的加工方法，一般是用手挤、捏、搓等方法制成。如“鱼丸”“肉丸”“虾球”等。

（2）模具铸制法　即对一些质地稀薄、缺乏可塑性的泥馅，借助模具或酒杯、汤匙，复制成特定的形状。如“荷塘月色”“鸡蓉牡丹”等。

（3）包卷法　这是利用原料自身可以包卷的特点，包卷其他馅心，来构成形状的方法。凡具有包卷特点的，如猪网油、豆腐衣、鸡蛋皮、生菜叶、紫菜、笋片、肉片和鱼皮均可包制。如用猪网油包卷的“网油叉烧鱼”，以笋片包卷的“如意笋”，以鸡肉包卷的“炸鸡卷”，以鸭皮包卷的“酥炸鸭卷”等。

（4）捆扎法　这是用多种条状原料，各取一份，组成一束，用韭菜、笋条、蒜叶等捆扎成形。由于具有多种材料，色泽绚丽，形如柴把，食之具有多种滋味口感融合的效果。如“柴把鱼”“柴把鸡”等。

（5）酿制法　这是将蓉、泥状的馅料，填入其他原料的空隙，借助其他原料的形态来构成菜肴。这既美化了菜肴的“形”，又达到相互补益的效果。如“酿苦瓜”“酿黄瓜”等。

以上各类菜肴“形”的构成，所用的方法并不是截然分开的，也有不少菜肴采取混合的手法。菜肴的“形”的构成，还应从局部到整体相互兼顾。所谓“整体”，即盛器容量与菜肴体积是否相称，能否显示丰盛饱满，突出主料。所谓“局部”，即组成菜肴的基本单位，如丝、条、片、块以及加工复制的个体，是否整齐划一，粗细厚薄均匀，长短相等，大小一致。

总之，湘菜菜肴“形”的构成应从多方面去考虑，才能保证菜肴形状千变万化，美观大方，给就餐者一种美的享受。

第三节　香的美感

随着生活水平的提高，人们在菜肴方面的要求也越来越高，湘菜也不断发展出不同的香型。针对湘菜的香气来源以及形成过程，主要有以下几点。

一、湘菜香气来源

（一）食品原料本身具有

湖南地处云贵高原向江南丘陵和南岭山脉向江汉平原过渡的地带，东西南三面环山，中部丘岗起伏，北部湖盆平原展开，气候温和，雨量充沛，土质肥沃，物产丰富，素称“鱼米之乡”，湘菜的食材因此丰富且具有独有的香气。湘菜香味的主要来源之一就是原料本身所具有的香味。比如，腊肉的烟熏香、泡菜的酸香等。这些原料本身所具有的香味在烹饪过程中会一直存在，使菜肴也具有了原料的香气。

（二）烹饪加工过程中产生

菜肴香味的另一个来源就是一些原料在烹饪加工过程中，通过一些物质发生转化或分解而产生的香味。在炖制肉类的时候，常向其中加入适量的料酒、啤酒等用以去除食材的腥膻味，如果同时向其中加入醋、柠檬汁等酸性调味汁，在高温条件下酸和醇反应会生成一些具有香味的酯，使成品菜肴的香味更有层次感。此外，烹饪过程中，一些糖类的焦化可能分解生成一定的香味物质，制成的菜肴就会香气四溢，给人的嗅觉带来一定刺激，进而引起人们的食欲。还有一些原料，如蒜、花椒等辅料，大块加入可能没什么香气，但是一旦碾碎后加入菜品中进行烹饪就能散发出很浓的香气。以上这些就是菜肴香味的又一来源，即这些食品材料本身不具备强烈的香味，但是一旦经过加工后就能够香气怡人，引人食欲。

二、菜肴产生香味途径分析

（一）加热食品，促进香气的挥发

在烹饪过程中，加热食品能够使食品本身具有的香味以及一些辅料的香味大量挥发。饮食界泰斗聂凤乔先生曾精辟地讲出，湖南的厨师擅长驾驭酸辣香鲜味型，通过加热能使酸辣分清层次，使香气挥发得恰到好处，湖南厨师崇尚辣椒“盖味而不抢味”的特性，在辣味的掩盖下品尝百味。开放的辣与收敛的酸相互制约、相互协调，成为湖湘人民养生保健的一种方式。

（二）添加调料，掩盖原料的异味

一些食品由于本身的特点具有一些臊味或者腥味，为了消除这些食品的异味，增强菜肴的香味，在烹饪过程中，适当地添加一些调料来解决这一问题。鱼类原料都有腥味，因此在烹饪过程中为了掩盖鱼的腥味，加入一些食醋和葱、蒜之类的香料，来掩盖腥味的同时也能增强菜肴的香味。

（三）密封烹饪，防止香气的流失

菜肴烹饪中的另外一种增香的方法就是密封烹饪。在烹饪过程中很多食品的香味在烹饪过程中就大量挥发了，因此密封烹饪的主要目的就是保持食物的新鲜度，防止香味在烹饪过程中的大量流失。比如，“瓦罐煨汤”就是利用了这一增香原理来进行烹饪的，将食品放入密封环境中能够很大程度地减少香味的流失，由于密封环境也能够保持一些汤类的新鲜度，这样做出来的菜肴就能够具有更多的香味。另外，一些通过竹筒、荷叶等食材进行密封加热烹饪的菜品也是运用了相同的道理，比如“湘西竹筒饭”“荷叶包饭”等，都是在加热过程中通过密封处理来进行烹饪。

第四节　味的美感

“一方水土养一方人”说明了地域环境、物产、气候、生态对当地民众性格、风俗、文化、礼仪的形成有着重要影响。湘菜用料广泛、切配精细、烹制讲究、品种繁多，其特点是主味突出，既注重内涵，又讲究外形的美观，使色、香、味、形得到和谐统一。湘菜多样味型的产生既与湘人饮食习俗、礼仪风尚、社会变迁息息相关，又受湖南地区独特的地理环境、丰富的饮食物产、多样的生态风貌深刻影响，尤重酸辣、熏腊、清香、浓鲜、脆嫩，有浓厚的湖南乡土风味。湘菜味美的形成因素概括为以下几点。

一、丰富优质的调味料是湘菜味美的物质基础

湖南群山环绕、湖泊纵横、沃野千里、雨水充沛、气候温和湿润，得天独厚的地理环境出产了原辅料和调味料。山珍野味、河鲜禽畜、四季果蔬、五谷杂粮、奇异特产应有尽有。在这样一片物华天宝的土地上，各种天然调味原料“争奇斗艳”，被勤劳智慧的湖南人运用到烹饪调味中，扬名海内外。湖南基本上每个地区都出产特色天然调味料，这些调味料特色鲜明、风格迥异、质量上佳，是厨师最看重的“调味法宝”。比较有代表性的有湘阴樟树港辣椒、茶陵独蒜、衡东县黄恭椒、江永县香姜等。另外，辣椒、大蒜、八角、陈皮、胡椒、良姜等调味料在湖南皆有出产。绿色、自然的调味料是湘菜调味的重要支撑。

二、湘菜调味品业蓬勃发展是现代湘菜味美的重要推动力

湖南人崇尚酸辣、香辣，在烹饪过程中注重调味品的添加运用，助推了湘菜调味品业快速发展。同时，随着湘菜在国内外的发展，湘菜调味品也借助湘菜影响力开拓了更加广阔的市场。湘菜调味品产业的壮大为烹制多味湘菜提供了更加方便快捷、健康实用的调味方法，是湘菜多样味型创新发展的重要保障。

湘菜调味品业发展历史悠久。传统制味基本是家庭作坊式，手工操作，工序简单，生产效率低下，不宜贮存包装。随着科技进步，湘菜调味品生产现代化程度不断提高，产业集中度提升，产品创新能力增强，主要表现在三个方面。

1. 湘菜调味品企业不断涌现，行业规模不断增大

企业类型涵盖调味品类、调味品配料、调味品原料、调味品机械包装等。部分企业获得“中国驰名商标”“中华老字号”“中国调味品著名品牌”等称号。代表品牌有：龙牌酱油、醴陵白醋、永丰辣酱等。

2. 湘菜调味品企业经营业态丰富，产品研发能力增强

为了满足湘人喜辣多味的饮食追求，提高企业在调味品市场占有份额，各商家加大调味品研发力度，开发更加方便、快捷、时尚、个性的调味产品。改变过去生产单一调味料模式，制作包括酱料、卤料、火锅底料、泡菜、豆豉等多种调味品。

3. 调味品产业链更加紧密，产业化步伐加快

湘人重视调味产品研发，汇集了政府部门、科研院所、企业、高等院校、行业协会等多方面力量整体联动，共同开发，走出了一条产、学、研相结合的高效发展之路。同时，湘菜调味品生产带动效应更加明显。调味原料种养殖业、调味品生产加工企业、物流运输业、餐饮企业、调味品销售企业等紧密结合，互为一体，构成了一条完整产业链，推动了湘菜调味品，产业快速发展，为湘菜多样味型的演变注入了强劲动力。

三、丰富精湛的烹饪技艺是湘菜味美的实现方式

菜品味型精致与否不仅取决于调味料的品质优劣，还与菜品制作技术、烹调技艺紧密相关。湘菜制作非常注重烹饪技艺的展现，用料时机和火候的把握，烹饪技艺方法花样百出、炉火纯青，各种因素综合累加，配合得天衣无缝，才造就了经典湘菜的奇迹。

据《湘菜集锦》记载：“湘菜常用的烹饪方法有炒、爆、熘、炖、煮、烧、烩、焖、煨、蒸、烤、卤、拌、泡等。”各种烹饪方法根据原料的不同特性、烹制独特口味的需要，又产生若干不同的小类。如炒制法分为：小炒、清炒、生炒、熟炒、爆炒等；烧制法分为：红烧、白烧、干烧等；炸制法分为：清炸、软炸、酥炸、浸炸、油淋等；蒸制法分为：清蒸、粉蒸等。不同的烹调方法所产生的菜肴味型质感都不相同，湘菜各复合味型都需协调运用多种烹饪方法，经过多重复杂工序才能制作出熟而不烂、甘而不浓、咸而不减、酸而不酷、辛而不烈、淡而不薄、肥而不腻、清香醇厚、韵味无穷的佳肴。

第五节 质的美感

湘菜历史文化底蕴深厚，具有浓郁的地方风味特色，长期以来，人们对湘菜质感本质的认识还处于模糊状态。基于饮食美学理念，对湘菜质感特征和形成因素进行阐述，从

湖湘饮食文化、湘菜技艺、烹饪科学和艺术等角度，剖析湘菜质感美的表现形式，成为提升湘菜整体美学价值的重要途径，对湘菜的发展与创新具有重要意义。

《吕氏春秋·本味篇》讲到鱼之美者："洞庭之鱄""醴水之鱼，名曰朱鳖"；菜之美者："云梦之芹"等。在古代社会里，这些湘菜食材因品质之美而获得了较高的认可度与知名度。质感是菜肴重要的风味特征，是湘菜进入口腔咀嚼时的触觉感受，以往人们在湘菜风味特征的描述上，很容易将质感与味觉混淆，究其原因，主要是对湘菜质感的认知还不深入，湘菜质感形成的影响因素梳理不够全面，湘菜质感美的表现形式研究尚不充分。

一、湘菜质感美的特征

过去湘菜行业里习惯用"口感"一词来表述食物进入口腔咀嚼时的感受。譬如在很多湘菜质感特征的描述中，经常会出现"鲜嫩"一词，这其中既有味觉，也包括了触觉，这使得对"质感"的评价模糊不清。1978年出版的《湖南菜谱》及20世纪90年代湘菜权威著作《湘菜集锦》中，使用的是"质地"一词，"质地"是由食品学中的"质构"一词演变而来，它强调的主体仍是食物自身组织结构的性质，而"质感"相对于"口感""质地"等词语表述而言，既反映了菜肴固有的组织结构特征，也突出了人作为主体的思维能力，"口感"到"质地"，再到"质感"的用词变化，这个过程反映出人们对湘菜质感内涵的理解是不断深入的。

现实中湘菜菜肴均为多重质感，一般菜肴配料种类越多，菜肴的质感层次也就越丰富，特别是传统湘菜名菜，在食材选择、烹饪技术、风味特征、饮食文化方面均具有较好的代表性。华中农业大学教授谢定源在《湖南名菜主要特点的量化分析》一文中，以1988年出版的《中国名菜谱·湖南风味》作为研究对象，采用量化分析法对书中记载的229道湖南名菜的风味特征进行统计分析，其中湘菜名菜的质感集中体现在嫩、脆、酥、糯、烂、肥六类，其中每类质感中又可细化为多个相关质感，如图5-1所示。随着湘菜不断发展，其质感内涵更加丰富，例如"香煎粉蒸肉"的松脆软嫩、"衡东脆肚"的肥嫩柔脆、"辣椒炒海参"的弹滑脆嫩、"刨盐鱼"的紧实鲜嫩、"红煨蹄筋"的肥腴柔软、"雷公鸭"的油润酥软等，这些均是湘菜质感美的具体特征。

湘菜名菜质感统计

- 嫩：软嫩、细嫩、滑嫩等
- 脆：脆爽、韧脆、脆嫩等
- 酥：酥松、酥脆、酥软、外酥里嫩等
- 糯：软糯、绵糯、粉糯等
- 烂：软烂、扒烂等
- 肥：肥厚、肥浓、肥腴等

图5-1　湘菜名菜质感统计

二、湘菜质感特征的形成

传统湘菜质感特征的形成，一方面受自然环境的影响（表5-1），食材的自然质感是影响菜肴质感特征形成的直接因素，也是食材进行后续烹饪工艺处理的重要参考依据，主要包括季节，产地，种植或养殖方式，食材品种、部位，原料鲜活度等；另一方面受烹饪工艺的影响（表5-2），烹饪工艺是影响传统湘菜质感特征的主要因素，在烹饪各环节运用的各种烹饪技法，如刀工，火候，调味，传热介质，上浆，拍粉，挂糊，悬挂、搅拌、摔打，烟熏、晒干或风干，涨发，温度，腌制，食品添加剂等，均会对菜肴质感产生一定影响，但不同烹饪工艺对菜肴质感产生的作用和效果具有差异性。

表 5-1 自然环境影响质感美的形成

影响因素	质感美的形成
季节	不同季节的温度和湿度对动植物的生长环境有直接影响，俗话说“早春韭菜一束金”，指的是初春时节的韭菜，细嫩度最佳
产地	产地土壤和水质会影响物产的质感，湖南汉寿境内的湖泊土层深厚，泥质肥沃，土壤属于微酸性到中性，有机物丰富，所产莲藕洁白、脆嫩，无丝、少渣，享名“汉寿玉臂”
种植或养殖方式	种植或养殖方式直接影响物产的质感，湖南怀化晨溪“稻花鱼”，鱼被养在稻田中，以水中杂草、昆虫和稻花为食，鱼肉皮薄肉厚，滑嫩微甜，腥味少，被誉为“鱼中珍品”
食材品种、部位	物产品种不同所含的化学组织成分不同，各部分组织结构有差异，质感也有变化，白心马铃薯淀粉含量高，质感粉糯；黄心马铃薯淀粉含量少，质感脆嫩。甲鱼裙边软糯、腿肉细嫩
原料鲜活度	“鸡要吃叫，鱼要吃跳”。湘菜讲究原料的鲜活，在动物原料还未进入尸僵阶段时，现杀现烹，可以保持原料最好的柔嫩鲜香质感

表 5-2 烹饪工艺影响质感美的形成

影响因素	质感美的形成
刀工	刀工直接或间接改变原料质感，如原料加工得越细小，硬度越低，针对不同动物性原料采取不同的刀工处理，食材质感也同时得到改变
火候	通过掌控加热时间和火力大小来改变原料质感，由滑嫩爽脆到酥烂脱骨，就是原料质感分辨度由量变到质变的过程
调味	盐、糖、碱、酒等调味品对原料产生物理渗透作用，对原料质感产生影响。如肉泥在搅拌过程中加入食盐，使肌肉中的溶解酶释放出来，质感更加软嫩
传热介质	高油温加热使动物原料蛋白质变性凝固、表面迅速脱水形成酥脆的质感；长时间水煮使原料形成软烂质感
上浆	动物原料肌肉组织经上浆、加热、淀粉糊化、蛋白质变性，在原料表面形成一层薄的保护层，有利于保持肌肉组织中的水分，嫩度增加
拍粉	可以保护原料水分，过油后，易形成表面酥脆的质感

续表

影响因素	质感美的形成
挂糊	原料挂糊处理，经高油温处理后表面形成较厚的保护层，原料易形成外酥里嫩或外焦里嫩的质感
悬挂、搅拌、摔打	通过机械地敲击、悬挂可以使动物肌肉组织分离和肌纤维断裂，质感更加细嫩；搅拌、摔打可以增加动物肌肉组织的持水性，使原料嫩度增加
烟熏、晒干或风干	烟熏使原料水分挥发，质感变得坚硬，蔬菜原料经过脱水，原料爽脆度明显增加
涨发	干货原料吸水膨胀，质感变得柔软、细嫩或脆嫩、黏糯
温度	菜肴表面温度降低，水分蒸发，菜肴表面质感滋润度下降。拔丝类菜肴冷却后，外层回软，酥脆度降低
腌制	“刨盐鱼”就是通过食盐的腌制，鱼肉出水，肉质更加紧实
食品添加剂	嫩肉粉使粗老的肉类原料肌肉中的胶原蛋白、弹性蛋白进行部分水解，达到致嫩目的

三、饮食美学视域下湘菜质感特征的表现形式

在“饮食美学”的视域下，从湖湘饮食文化、湘菜技艺、烹饪科学和艺术等角度，梳理出湘菜质感特征的表现形式主要为：自然美、极致美、中庸美和创意美四个方面。

（一）湘菜质感的自然美

“顺应自然”是中国古代饮食和养生的重要哲学思想，强调人的饮食和养生要遵循自然规律。物产受季节、产地、种植或养殖方式、品种等因素的影响，使食材本身质感参差不齐，因此，对食材的选择方法显得尤为重要。很多俗语或诗词如“小暑黄鳝赛人参”“桃花流水鳜鱼肥”“橘生淮南则为橘，生于淮北则为枳”等，均能反映出人们在长期饮食生产实践中崇尚顺应四时、顺应地产的哲学思想。湘菜质感的自然美讲究食材的天然真实性，食材天然真实质感是未经人为加工的、原始的、最初的质感，湘菜质感的自然美是影响菜肴品质的直接因素。

（二）湘菜质感的极致美

“极致美”是指达到最大的程度、最高的造诣所给人们带来的艺术审美感受，湘菜质感的极致美体现在匠心独运的艺术形式和最佳烹饪时机的掌控，将烹饪食材的“细嫩”“软烂”“酥脆”等质感分辨度上做到最大化，赋予了湘菜质感新的文化内涵，也增加了湘菜质感的艺术表现力。

1．独特艺术形式

烹调师在湘菜质感的设计上，追求菜肴质感分辨度的极致体验。“豆腐得味，远胜燕

窝”，湘菜名菜“祖庵豆腐”的制作技艺，就是将豆腐的“细嫩”质感做到极致，此菜以普通的水豆腐为料，为增加豆腐的细腻度，烹调师将豆腐表面的粗皮去掉，再用罗筛过成细泥，然后在豆腐泥中加入鱼肉蓉、鸡蛋清搅拌，最后蒸制成形，此菜细腻无渣，堪称湘菜中的“阳春白雪”。湘菜名菜“花菇无黄蛋”，先将鸡蛋壳剥开一个小洞，将蛋清、蛋黄分别取出，蛋清兑入鸡清汤、调盐味搅拌均匀，然后灌入鸡蛋壳中，蒸熟，便成“无黄蛋”，此菜细腻度和鲜味俱佳。这些湘菜名菜在质感设计上不拘于传统，使菜品质感极致化的艺术表现形式增强了质感的审美效果。

2．抢抓最佳烹饪时机

烹饪注重对食材属性的理解，也注重对烹饪科学的掌握。湘菜名菜“杀猪肉”，就是湖南农村乡下刚宰杀完的猪，取其前腿肉、猪肝、猪血等原料，配以大蒜叶、辣椒粉，然后用湘菜小炒技法旺火速烹而成。“杀猪肉”肉香醇厚，鲜嫩无比，地方风味特色鲜明。诸如“杀猪肉”等系列菜肴的做法，体现了传统湘菜烹饪技艺蕴含的科学机制。食品学指出动物原料宰杀后会经过尸僵、成熟、自溶和腐败四个阶段，在成熟期的肉质风味较好，目前大型超市所出售的冷鲜肉，均是经过排酸环节后进入成熟期的肉品，但刚宰杀完的动物性原料，在进入尸僵状态前，中间会有少量的缓冲时间，不同动物原料的缓冲时间有差异，宰杀后的动物原料在未进入尸僵阶段时，其质感和鲜味会呈现出最好状态，在湘菜名菜“水煮活鱼”“云耳焖鸡”“麻辣仔鸡”“子龙脱袍”等肉类菜肴中，均是利用在最佳质感状态下的食材烹制而成。

（三）湘菜质感的中庸美

“中庸”是儒家的哲学思想，意为人在处世中把握适度，不偏不倚，以“中和”为美的思想。湘菜质感的中庸美体现在烹调师对菜肴质感的适度性把控上。古人云：“物无定味，适口者珍”。其中“味”指的是菜肴的色泽、滋味、质感等综合风味特征，而“适口”的标准，体现的就是食物的“适度”哲学思想，湘菜质感中庸美既体现在质感不老不嫩、不柴不生、不硬不软、不稀不稠、不粗不细的适度之美，还体现在质感与其他味觉、形状等特征上兼顾的和谐之美，如“滑嫩爽脆不失其味，酥烂脱骨不失其形”，湘菜质感的中庸美体现在火候的恰到好处和烹饪环节相辅相成，紧密配合。

1．火候恰到好处

《随园食单》讲“熟物之法，最重火候”。“候”有变化之意，火候就是利用火的大小和加热时间长短的变化，使食材质感达到理想、适度的状态。火候是影响菜肴质感的形成的重要因素，也是菜肴质感形成的最后一道关口，俗语“千滚豆腐万滚鱼”，就是烹调师在对食材属性认知和菜品风味要求的基础上，对火候的运用自如。如湖南特有风味“火焙鱼”，选从河里捉来的寸长小嫩子鱼，经过静养，再将小嫩子鱼摆在平底锅中用柴火小火慢焙，小嫩子鱼由白变黄，由腥变香，露出白嫩的鱼肉后，便成为“火焙鱼”

了。这里强调“慢火”焙干，就是火力很小，加热时间较长，才使得“火焙鱼”形成不黏油、不焦枯，酥中含软、韧里带酥的质感。还有用小火长时间煨制而成的湘菜名菜“酱香四方肉”，此菜肥而不腻，入口即化。湘菜烹调师擅于掌控火候，使湘菜质感达到理想状态。

2. 工艺相辅相成

“中庸”哲学思想体现在菜肴各烹饪环节的和谐状态，烹饪过程中，只有各个环节相辅相成，紧密配合，才能使菜肴最后质感呈现和谐之美。湘菜名菜“酸辣凤尾腰花”，成品以“脆嫩”质感为主，烹饪制作讲究一气呵成，为保持腰花的脆嫩爽口特点，从选料、切配、上浆、滑油、兑汁、烹调等环环相扣，原料选用新鲜猪腰，去除异味后，为使猪腰更好地入味与快速成熟，猪腰切凤尾花刀形状；为突出主料的脆嫩质感，配料为酸辣椒、蒜苗等脆嫩配料；为保持猪腰的水分，增加脆度，腰花用盐、湿淀粉上浆处理，迅速下入六成热油温过油；为了缩短加热时间，保持嫩度，烹调时用芝麻油、湿淀粉、醋等调味品兑汁，下锅旺火爆炒速成，腰花脆嫩爽口，“酸辣凤尾腰花”故称为“抢火菜”，此菜的成功之处，就是烹饪工艺环节的完美配合，产生质感的和谐之美。

（四）湘菜质感的创意美

“创意美”是通过新颖或创造性的想法、构思等，使产品不拘于常规而产生的审美效果。湘菜质感的创意美的形成，主要是烹调师通过自身独特的创意理念，在湘菜质感的变化上巧妙运用一料多质法、渐变手法、协同手法和反差手法等，赋予菜肴更加丰富的质感层次内涵，呈现出湘菜质感的创意美。

1. 一料多质法

在一种主料的质感变化上进行巧妙创新，形成了不同的质感特征，湘菜名菜“鱼三味”“一鸭四吃”“一鸡三味”等均运用了此法，“鱼三味”就是一份主料为鳜鱼的菜肴，将鳜鱼烹制成熘鱼片、炒鱼丁、椒盐鱼排三种不同质感风味。长沙“一鸭四吃”则表现出四种不同质感，一吃用薄饼包烤鸭皮，鸭皮脆酥，口齿留香；二吃将鸭肉切丝或条，搭配洋葱或冬笋、辣椒、韭白或芹菜等，小炒食用，鸭肉软嫩；三吃鸭油蒸蛋，滑嫩鲜香；四吃豆腐菜心鸭骨汤，鸭骨酥软，豆腐菜心清润鲜美。

2. 渐变手法

渐变效应是审美韵律的运用，湘菜质感层次过度讲究循序渐进原则，一般为由软到嫩、由酥到脆、由强到弱等。湘菜名菜“麻仁香酥鸡”，其做法是先将初加工好的母鸡，进行腌制，然后上笼蒸至八成熟，将鸡皮小心撕剥下来，之后将鸡腿肉、鸡脯肉与猪肥肉分别切成丝，混合平铺在鸡皮上，接下来两道制糊工艺是其质感形成的重要手法，先裹全蛋糊炸至表面金黄，然后裹上蛋泡糊，放入四成热油温中，浸炸成熟。食用时依次产生松软、酥脆、软嫩的层次渐变的质感，在此菜烹饪过程中，烹调师巧妙运用了刀工技法、挂糊技法，通过油温控制，使主料的质感产生了延续性和渐变性。

3．协同手法

“协同手法”是指两种或两种以上相似质感的食材组配一起，使湘菜质感产生协同增强的效果，湘菜的组配遵循“嫩配嫩”“柔配柔”“脆配脆”等协同原则。湘菜名菜“子龙脱袍”，又名“熘炒鳝鱼丝”，为了追求鳝鱼丝的嫩度，选用拇指粗细的鳝鱼，将之去皮、去骨，切细丝，经上浆、滑油后，鳝鱼丝肉质非常滑嫩，为了衬托“嫩”的质感，烹调师在配料的选择上非常讲究，选取细嫩无渣的冬笋作为配料，切成细丝状，食用时，主料的滑嫩与配料的细嫩，使菜肴“嫩”的质感更加突出，这种“相似组配”协同原则，不仅使菜肴主料的质感得到突出，配料质感也得到了很好的补充，产生了质感的协同之美。

4．反差手法

湘菜质感的反差手法，体现在食材主配料的质感分辨度之间的较强反差效应，如主配料一软一硬、一柔一脆，一干一滑、一粗一细等，通过主配料质感较大的跨度，形成质感的鲜明对比，以突出主料的质感。湘菜名菜“回锅扣肉”，是名菜“虎皮扣肉”演变而来，蒸好的扣肉质感酥烂，重新回锅炒制，加大蒜叶、红辣椒等脆嫩质感配料，在对比中形成鲜明的复合型质感。

湘菜质感美是湘菜美学的重要组成部分，随着湘菜美学研究的深入，湘菜质感之美的内涵还会不断丰富，湘菜质感美的特征与表现形式的挖掘与升华，让湘菜美学内涵研究有了一个切入点，可为湘菜其他风味属性的美学内涵研究提供依据和参考，可以更加全面、更加深刻地剖析湘菜美学特征及其表现形式，对湘菜美学价值的提升具有重要的理论与实践意义。

课后练习题

一、单选题

1. 菜肴色彩的组配有两种形式：同类色的组配和（　　）。

A. 顺色配　　B. 单色配　　C. 对比色的组配　　D. 类比色的组配

2. 天然色素中的植物色素不包含（　　）。

A. 叶绿素　　B. 类胡萝卜素　　C. 花青素　　D. 血红素

3. 在烹饪中允许使用的人工合成色素，不包括（　　）。

A. 亚甲蓝　　B. 胭脂红　　C. 日落黄　　D. 柠檬黄

4. 烹饪菜肴色泽的调配原则，不包含（　）。

A. 食品安全　B. 营养健康　C. 菜肴原料本色　D. 色泽艳丽

5. 菜肴制成后，一般均保持原料的自然形态，这种方法一般基于提高菜肴的档次和（　）两种需要。

A. 美观　B. 适应烹调　C. 方便食用　D. 易于调味

6. 原料切割成各种形状，应根据原料的质地、（　）、方便食用、美化菜肴等多方面因素考虑。

A. 烹调方法　B. 原料颜色　C. 人们的喜好　D. 原料产地

7. 被称为“鱼米之乡”的是（　）。

A. 湖南　B. 湖北　C. 福建　D. 江西

8. 鸡肉在加热后，由于油脂的高温水解，会产生一些（　）的化学物质。

A. 吡嗪　B. 脂肪分解物　C. 芳香烃类　D. 含氮化合物

9. 饮食界泰斗聂凤乔先生曾精辟地讲出，湖南的厨师擅长驾驭（　）的味型。

A. 酸甜味　B. 酸辣香鲜味　C. 甜咸味　D. 酱香味

10. “湘西竹筒饭”“荷叶包饭”等，在加热过程中通过（　）的方法增香。

A. 添加调料　B. 加热分解　C. 烟熏　D. 密封烹饪

11. 不属于湖南“调味法宝”的是（　）。

A. 湘阴樟树港辣椒　B. 普宁豆酱　C. 茶陵独蒜　D. 江永县香姜

12. （　）是影响传统湘菜质感特征的主要因素。

A. 烹饪工艺　B. 自然环境　C. 食材特性　D. 原料颜色

二、判断题

1. “色、香、味、形、质”是对湘菜菜肴好坏的最直接和最显著的感官评价指标。（　）

2. 湘菜的菜肴大多是由两种或两种以上的原料组配烹制。（　）

3. 顺色配菜即所配的主料、辅料是不同类色的原料。（　）

4. 肉及肉制品的色泽主要是由肌红蛋白决定。（　）

5. 绿色蔬菜类原料经过焯水或加热处理，颜色可以变得更翠绿。（　）

6. 对于允许使用的人工合成色素，不需要控制其使用剂量。（　）

7. 一些高档筵席，多用切割后的小块原料烹制菜肴。（　）

8. 同样的原料，由于切配方法不同，其烹调效果也不一样。（　）

9. 各类菜肴“形”的构成，所用的方法并不是截然分开的，也有不少菜肴采取混合的手法。（　）

10. 湘菜的味型多样性，尤重酸辣、熏腊、酸甜、浓鲜、脆嫩和原汁原味，有浓厚的湖南乡土风味。（　）

11. 在烹饪过程中为了掩盖腥味和膻味，会加入一些食醋和葱、蒜之类的香料。 （ ）

12. “创意美”是指达到最大的程度、最高的造诣所给人们带来的艺术审美感受。 （ ）

三、思考题

1. 湘菜的色泽主要来源于哪几个方面?
2. 影响和形成湘菜菜肴色泽的有哪些因素?
3. 菜肴式样的产生，大致可以分为哪三种类型?
4. 概述湘菜的香味来源以及形成过程。
5. 湘菜质感特征的表现形式主要包括哪四个方面?

第六章 湘菜与盛器美

清代美食家袁枚擅吃、会吃，他的美食著作《随园食单》记载了何时吃，如何品，菜怎么做。而且在食单开篇，袁枚就在《须知单》中写道："古语云，美食不如美器。斯语是也。然宣、成、嘉、万窑器太贵，颇愁损伤，不如竟用御窑，已觉雅丽。惟是宜碗者碗，宜盘者盘，宜大者大，宜小者小，参错其间，方觉生色。"好的食器，是有气质，有风骨，有空间想象力的。在餐桌上一眼望去，便觉爽心悦目，令人食欲顿生。好的食器，如同美人的衣裳，与食物搭配得好，便是国色天香。不同菜肴需搭配不同的食器，这才是对食器作为器的基本尊重，也是对于精致生活的一种美好追求。

第一节　湘菜盛器的审美化

与人生活相关的衣食住行所需物品在发展到一定程度时都会融入"美"的属性，湘菜也不例外，在漫长的岁月中，饮食器具早已超脱了盛装的功能，"美"已成为当今消费者选择盛器的重要消费动机。中国烹饪历来讲究美食美器，湖湘地区的饮食用具也不例外。从原始社会的陶器到夏商周开始运用的青铜器，再到春秋战国至魏晋南北朝时期的漆器，以及隋唐两宋时期到元明清时期的陶瓷制品和近现代的各类新型材质或者特殊造型的异形器皿，都见证着湘菜盛器的审美化发展。

一、湘菜盛器的审美化发展

人类正式迈进烹饪时代的标志是陶器的诞生。起初饮食用陶器多为形态简单的敞口圆底罐、盆，随后又衍生出陶釜、陶鼎、陶鬲、陶鬶、陶甑和陶斝等。湖南出土的陶器有原始夹砂夹炭绳纹褐陶釜（图6-1）。该原始陶器出土于湖南省道县玉蟾岩遗址，陶器中还掺入了砸碎的石英颗粒，用以防止器物在晾晒时破裂，还可以提高陶器的耐温性。

图6-1　原始夹砂夹炭绳纹褐陶釜

夏商周时期产生了具有划时代意义的青铜器，期间出现的盛食器有鼎、簋、卣、簠、豆、盘、敦等。湖南出土的青铜食器如桃源县漆家河河岸出土的"皿天全"方罍

（图6-2）、石门县出土的兽面纹提梁卣（盛酒器）和“父乙用享”簋（盛食器）等。相对陶器而言，青铜器的质地坚硬，可烹可煮、可盛可放，其实用性和耐用性更强，此外青铜器更易于塑形，这在一定程度上促进了湘菜盛器形态美的发展，可以说青铜器的产生是饮食器具在质地和形态审美化方面的一次重大突破。

图6-2　“皿天全”方罍

春秋战国至魏晋南北朝时期的饮食器皿更加精致，种类也更加丰富，器具主要为碗、盘、盆、罐及勺、箸等。自战国开始，漆器因色泽艳丽、纹样丰富、轻巧便利等优点而替代工艺繁复、原料稀缺的青铜器，确立起造物主流类型的地位，如战国云纹漆耳杯（图6-3）。夹纻胎、薄木麻布胎、皮胎以及针刻、描金银与铜饰等新技术纷纷登场。经汉、唐、宋、元的演变，漆器艺术呈现出瑰丽圆润、典雅质朴两大特色，由此构成了中国漆艺美感风格的总体特征，这也成为中国漆饮食器用发展的一个高峰。湖南出土的漆器众多，马王堆一号汉墓出土的彩绘漆器就有184件，大部分保存完好，色泽如新，其装饰精巧，尤以神人狩猎纹、缭绕云气纹构成墨朱流韵的瑰丽美感，如西汉云纹漆盆（图6-4）。

图6-3　战国云纹漆耳杯

图6-4　西汉云纹漆盆

宋代，中国制瓷业达到鼎盛，饮食所用的瓷制器皿已经基本齐备。在满足餐饮等实用功能的基础上还流行模拟自然界植物的形态来制作饮食器皿。实现了美食美器的有机结合。这个时期湖南出现了仿定窑制品，以益阳羊舞岭窑生产的芒口瓷盘和印花制品为代表，醴陵枫林市出土的黑定制品则最精美。

元明清时期的烹饪器皿有了更大的发展，实现了汉族与其他民族及外来文化的相互交融。虽然器具依然是盘、碗、杯等，但在色泽上日益丰富，在造型上日渐美观。元明清时以景德镇瓷器为代表的瓷器享誉中外。此时期的青花瓷器也在湖南益阳、怀化和醴陵等处相继生产，其中以醴陵沩山瓷窑的规模最大，保存最好，图6-5为沩山瓷窑清代青花仕女图盘。

而近现代饮食器皿发展得则更加迅速，各种新材料、新技术的出现，让各种异形、彩色器皿的制作和大规模生产都成为可能，也让湘菜盛器的美学风格更加多样。目前湖南在全国知名的陶瓷品牌有红官窑等，图6-6为红官窑现代作品“蕖枝如意碗”。“醴陵釉下五彩瓷烧制技艺”于2008年被批准列入第二批国家级非物质文化遗产代表性项目名录。醴陵釉下五彩瓷先后被选为国宴瓷和国家礼品瓷，其作品屡屡获奖。醴陵釉下五彩瓷也有了“国瓷”的美誉。

图6-5 清代青花仕女图盘

图6-6 蕖枝如意碗

二、湘菜盛器美的价值及作用

人类和动物的重要区别之一就是人类能制造和使用生产工具进行生产活动，人类能够制造出盛器，并且将食物盛装在相应的容器中，这是人类与动物的重要区别，也给人类的进食行为带来了更多的意义。俗话说人靠衣装，同样，食物有了美器的衬托也会提升相应的美学价值。

（一）湘菜盛器的造型美学价值

湘菜的各类盛器无论是来自哪个年代、使用的是何种材质、运用的是何种工艺，其造型设计通常都符合当下的审美需求。即便是原始夹砂夹炭绳纹褐陶釜，造型虽然简单，但是整体线条流畅、对称均匀，有一种简洁质朴之美。夏商周时期的青铜器虽然放在如今的审美下会觉得笨重，色彩不够明亮，但是考虑到当时的技术水平和使用背景，青铜器材质的厚重和多为四四方方的造型反而凸显出一种庄重肃穆之感，符合当时青铜器既为食物的盛器又作为祭祀用的礼器的社会现实。

春秋战国时期兴起的漆器则在色彩上有了进步，楚漆器一般有着明亮、艳丽的色彩，其主要基色是黑色与红色，如马王堆汉墓出土的西汉漆平盘（图6-7）。红色尽显热烈，黑色则凸显深沉，两色在漆器上对比强烈，但纹路又设计得流畅和谐，展示出楚人的审美风格与独特的艺术天赋。

湖南的岳州窑是我国著名的青瓷窑，其年代最早为东汉，湖南地区东汉墓里出土的一些青瓷，其为浅灰胎、釉层薄而均匀，釉色很淡，成品色淡通透有一种轻逸之美，展现了当时湖南地区的青瓷制造水平之高。而隋唐时期的湖南陶瓷则以长沙窑为代表，其产品在当时远销多个国家，长沙窑虽然生产的都是日常的饮食器，但是力求在造型的形式处理上都体现出在变化中求统一，在统一中富于变化，以使两者完美结合。

到了清末民国初，醴陵窑崛起，成为湖南釉下五彩的代表。釉下五彩工艺（图6-8），突破釉下单彩、两彩、三彩等传统技艺的局限，运用红、绿、蓝、黄、黑五种原色料（故谓五彩），调配出丰富多彩的陶瓷绘画色料。画面讲究用色淡雅，绘画多采用双勾分水法。在洁白细腻的胎质、晶莹润泽的釉面映衬下，近乎写真的画面水灵通透、清新雅致，给人以身心愉悦之美感。

（二）湘菜盛器的功能美学价值

盛器归根到底是一件产品，所以具有产品最基本的实用功能。盛器本身的基本功能就是盛装食物。但是不同时代的盛器产品又有自己独特的功能之美。很多陶器的设计就遵循了其使用年代的实用性。

例如在原始社会，人们的饮食起居生活范围主要在地面上，使用的器皿也多放在地上，所以很多陶器的造型重心平稳，而汲水用的尖底瓶造型适于汲水和背水，鼎、鬲和瓯的造型则便于加温，使受热面积增大。

青铜器相对于陶器，结实不易碎，且在人们的印象中其大多数都设计成方形，但在湖南地区出土的一些青铜器则不是常见的方形，例如在湖南省博物馆馆藏的一件夔龙纹铜鼎（图6-9），和陶鼎相比，口沿处增加了弧形立耳，可以用来提握器具，增强了器物的实用功能，方棱锥形的三足增强了方与圆的对比，而且两耳的设计使得铜鼎更具对称美

图6-7　西汉漆平盘

图6-8　醴陵釉下五彩瓷杯

图6-9　夔龙纹铜鼎

感，也使具有双耳造型的鼎成为集功能与美观于一体的一个经典形象。和方形青铜器相比，圆形青铜器更加实用，更加生活化，造型也更为丰富。而圆形提手或附耳的出现和上窄下宽略为下坠的圆鼓腹以及蹄形足内侧凹形槽的造型设计，都是实用功能的表达。为什么在湖南地区出土的青铜器，除部分祭祀用的重型青铜器做成方形外，其他一般都做成圆形的？这是因为日常生活与隆重祭典用得最多的就是盛装器物，在制作青铜器时，用同等材料做成圆形要比做成方形更节省材料，还能获得更大的容积。并且，圆形器物没有棱角，不容易产生磕碰、损坏、受伤，所以圆形青铜器在湖南地区的出土中占有非常大的比例，其相应的造型也比较丰富，同时尽显青铜器的实用之美。

陶瓷盛器的功能之美，以长沙窑器物的造型特点为例，器皿的颈部加长，或安上把手，是为了更便于提取；壶类多加以短嘴，以后短嘴又逐渐加长，为了更适于倒出液体。器皿的耳在不断地被淘汰，这反映了生活方式的不断变化。唐代以前，人们席地而坐，器皿多放在地上，安上双耳或四耳，便于穿绳携带；唐代以后逐步增加了家具，从早期使用床到后期有了桌，器皿可以放在床上或桌上，位置高了，安上把手直接携取，不用再用绳子穿起来提拿了。长沙窑的一个特点是当时较为先进的釉下彩技术的运用。釉下彩餐具在饮食方面是最安全无毒的。它不像釉上彩和釉中彩，含有各种重金属成分的色料暴露在釉料上面，人们使用的时候，这些对人体有害的成分就随食物一起吃下去了，但是釉下彩是先上色料，在色料外面再上一层釉料，这样色料就不会溢出，人们使用起来比较安全。可以说，这种通过饮食文化检验的无毒釉下彩技术的发明使用，才使得长沙窑餐具上能够绘制绚丽多彩的图案。如今我们使用的陶瓷也多是釉下五彩瓷器，经高温烧成后，瓷器耐磨损，耐酸碱腐蚀，不褪色，不含铅、镉等对人体有害的重金属元素，堪称环保、健康瓷。这也是实用与美观的有机结合。

第二节　湘菜盛器美的风格

中式的餐具风格经历了漫长的历史进程，从陶器到瓷器，各型各色，或明艳大气，或玲珑小巧，或庄重肃穆，或活泼跳脱，复杂的纹样和丰富的色彩装饰相得益彰，美食配上美器，不同的食物配上不同的器皿，吃起来才会更有食欲。那些充满仪式感的餐具，让吃饭这件小事变得精致、温馨。其美学风格我们也可以从材质方面为大家分别进行介绍。

一、金属盛器的美学风格

（一）青铜盛器的美学风格

从装饰纹样看，湖南地区西周初期的青铜器装饰艺术继承了中原（黄河中下游地区）

商后周初的传统风格特点。但是，随着地域经济的发展，带有民族特征的思维开始萌芽，青铜艺术逐渐呈现出较强的本土特色，并逐渐形成了新的时代风格，装饰趣味趋向庄重典雅，个性化的特色日益鲜明，反映了新时代的审美趋向。湖南地区商代青铜器的造型非常讲究造型的形式美，注重宗教威严气势审美精神的表达，主要体现在以下两个方面。首先，“天命神权”的思维方式决定了青铜器造型追求古朴威严、扎实厚重。祭祀所用青铜器礼器，其造型纹饰必然要符合它的政治宗教属性。而青铜器作为权力与地位的象征，只掌握在统治阶层手中，其应用性也开始从属于观赏性和政治性。为了表达对神灵及祖先的敬仰和对祭祀活动的重视，人们在青铜器的体量上做了区别，“人”器可以是适用尺度，而“神”器则应当向着厚重、巨大的方向发展，因此湖南出土的青铜器多有大型器。神权与政治结合下的巨型青铜器，充分展现了其庄重威严的特质，更体现出商代统治阶级赋予青铜器独有的宗教使命和政治意义，并形成了带有明显阶级属性的审美特征。其次，青铜器讲究形式美感。湖南出土的商代青铜器和中原青铜器总体风格基本一致：浑厚稳重，构图讲究对称、均衡，如图6-10所示。但湖南的器物重心控制更好，重心往下略移，加之垂腹、粗矮外撇足的出现，使得视觉上更为稳固，这和中原器形大不一样，在线条的把握上也更加娴熟、合理，轻快有张力的曲线更好地展现出器物的力度和美感。

湖南商代青铜器纹饰主要有动物纹与几何纹两大类。其中动物纹以抽象动物纹为主，其代表纹样是兽面纹。可见这时期的纹饰是对中原风格的传承和发展，另一方面，由于社会背景和经济发展等因素，纹饰又具有地域风格。布局注重对比，纹饰风格趋于抽象写意，繁复华丽。器物常以兽面纹作为主纹样（图6-11），配合器物造型营造出神秘紧张的气氛，另以极具湖南地域特色的夔龙纹衬底，细节处以云雷纹、几何纹作为补充，整体观之，既有统一又有对比。

图6-10　皿方罍

图6-11　兽面纹鬲鼎

（二）银制盛器的美学风格

这里以湖南出土的数件南宋景定五年的银器为例，来介绍银制盛器的美学风格。团花纹银盖罐（图6-12），此银盖罐高16.6厘米，最大腹径21.5厘米，重685克，由带圆形捉手的天地盖和罐身两部分组成。银盖罐造型优美丰满，做工精细富贵典雅。捉手、盖面及腹部通体錾刻团花纹，有寿桃、柿子、石榴、水仙、桃花、荷花、菊花、牡丹等，还有双凤等祥瑞纹饰组成的团花图案，线条生动流畅，纹饰丰富精美大气，罐底为圈足。银盖罐每组小团花都生动无比，精准呈现了牡丹、水仙、桃花、荷花、菊花、动物等的神韵，极有现实生活气息。

鎏金素面银渣斗（图6-13），也可称之为小唾盂，与团花纹银盖罐相比不足其四分之一，小巧玲珑，应该是随手实用器，通体鎏金更显华丽。敞口最大直径11.2厘米，腹部直径8厘米，通高16.4厘米，重155克。束颈，折肩，直腹，平底沿外侈。此器做工精巧轻便，大小适中，从鎏金的磨损程度上看，应为古人所喜爱之物，又名奓斗、唾壶，是历史悠久的中国传统工艺品，起源于晋代，用于盛装唾吐物。如置于餐桌，专用于盛载肉骨鱼刺等食物渣滓，小型者也用于盛载茶渣，故也列于茶具之中。简朴清雅，自然生动。精美简朴的器形及装饰图像，也可以反映出当时的艺术风格与时代精神。

图6-12　团花纹银盖罐

图6-13　鎏金素面银渣斗

莲瓣形舟杯和海浪纹银托盘（图6-14），托盘长20.2厘米、宽13.7厘米，莲瓣形舟杯长14厘米、宽8.1厘米，1994年常德沣县沣南乡出土。这件杯、托盘的精彩之处主要表现在其造型上，完全不受一般杯托的局限，用写实的手法，将托盘做成椭圆形，盘内模铸翻腾的海浪，俨然波涛壮阔的海面，其杯则做成莲舟形，舟内不仅细刻叶脉纹，而且还雕铸了位端坐的老翁。将杯、托盘合在一起，就是一幅处乱不惊，安然渡海的情景写照，既可供观赏，又实用，非常精美。

灵龟纹银杯（图6-15），通高6厘米、口径8.5厘米，1980年常德临沣县新合乡龙岗村出土。杯呈圆形，口微外撇，斜弧腹，喇叭形圈足。此杯最大的特点是内外双层结构，系锤锞而成，其外层錾刻阴线云纹为地，杯身在地纹上锤出高浮雕仙鹤松枝，杯底则锤有"大定"的年号，（"大定"系金世宗的年号，即公元1161—1189年。同墓出土的另一件花果条形金簪上有"癸未季春"的铭文。据"大定"的年号推算，大定元年是辛巳年，癸未则是其后的第12年，即公元1173年。因此可以断定，这批金银器当是金代所制，至元代才埋入墓中）。杯内层口沿下錾刻一圈0.6厘米宽的云纹带，杯腹素面，杯底錾刻细线荷叶纹，荷叶中部托一个镂雕的活动灵龟，龟的四肢及头尾均可活动自如，灵龟趴在一银圈之上，若杯中盛酒水，则龟身首尾及四肢都可随杯中的酒水波动而伸展活动，给人以灵动的美感。

再以一批珍贵的南明银器为例，在历史上，南明（1644—1662年）的存在时间极短，一共只有18年的时间，因此，这个时期的有铭金银器就特别难得。1982年湖南怀化通道侗族自治县江口乡下涌村瓜地组出土的一批精美的银器无疑给人们带来了惊喜。这批银器不仅多有铭文，而且造型漂亮，做工精细，出土时光亮如新，确为银器中之上品。

图6-14　莲瓣形舟杯和海浪纹银托盘

例如这件桃形铭文银杯（图6-16）的造型就极有特色，杯体为半球形，把手则用蟠桃的枝、茎、叶、脐来造型，其枝头拱形朝下，枝尾挨地起平衡作用，茎卷曲，三叶附于口上，

图6-15　灵龟纹银杯

图6-16　桃形铭文银杯

其他的叶子向底部张开，整体上就是枝叶托杯，其造型就像是枝叶还在的半边蟠桃。这种造型也是这个时期特有的，无疑可作为判断朝代的标准之一。

除这些很有个性的银杯之外，还有如鹤鹿纹银鼎（图6-17）和钩连雷纹铭文银爵（图6-18）也令人称奇。这两件都是仿商周青铜器的造型，但特别精致。如鹤鹿纹银鼎，通高9.2厘米、口径8.4厘米，小巧得很，但形制古朴大气，其直口、平沿、方唇、圜底、两拱形竖耳，都简洁明快，三柱形足内空，微鼓的腹部席纹为地，间刻云鹤、双鹿以示吉祥。三足上部则錾刻蕉叶纹，古味盎然。

再如钩连雷纹铭文银爵造型直追商周，通高9.4厘米，流宽而短，直腹圜底，蹄足内空，柱、足、鋬分铸，腹部及流、尾背面都以钩雷纹为地，间饰花卉、飞鸟，唇部饰羽状纹一周，鋬上饰水波纹，尾部竖刻铭文3行“丁亥仲夏祝弗翁党祖寿治生胡尚益具”（“丁亥”即南明桂王永历元年，也就是公元1647年）。该器为胡尚益为人祝寿所作，虽在南明战乱之时，但其铸造工艺却一点也不输宋代的仿古青铜器，这不能不说是一个很值得研究的现象。

由于银为贵金属，所以银制盛器大多制作得精致小巧，纹路精细，尽显玲珑之美。

图6-17　鹤鹿纹银鼎

图6-18　钩连雷纹铭文银爵

二、陶瓷盛器的美学风格

（一）陶器盛器的美学风格

在湖南澧县城头山遗址出土的原始陶器器型中有鼎、釜、缸、罐、碗、盘、豆等。由于使用的是原始制作工艺，这些陶碗器形简单，具有较强的几何感。碗底大多呈现椭圆，且有较高的圈足，这与原始人类席地就餐的习惯有关。陶碗通常放置在挖好的坑洞内，椭圆的底利于稳置。这充分说明了当时湖湘工匠已经能够从人们的饮食方式角度出发去设计制作饮食器具。

在基本需求得到满足之后，情感上的需求也随之到来。具体反映在原始陶器上的便是纹饰的制作。湖南彭头山出土陶器在湖湘地区已发掘的新石器时代遗址中较为典型，从红陶双耳罐（图6-19）可以看出早期的湖湘陶制器具开始有了一些纹饰上的追求。

（二）陶瓷盛器的美学风格

湘菜馆餐具设计采用陶瓷材料是有历史渊源的。早在春秋战国时期，南方楚文化地区的原始瓷饮食器就很有地方特色，主要是仿古铜礼器的原始瓷饮食器：如敦、鼎、壶等。岳州窑是湖南省最早的青瓷古窑址，它始烧于东汉，中经历过西晋南朝，至隋唐之际逐渐衰落。窑址散布于湘江下游的湘阴地区，主要产品有坛、瓮、碟、杯、壶、盏、盂等饮食器具。至唐末五代北宋之际，衡阳窑为湖南晚期青瓷体系的代表，碗、盏、盒、钵、壶、瓶等饮食器是其主要器型。到了唐代，长沙窑又成为中国陶瓷艺术中的一朵奇葩。长沙窑陶瓷器中数量最多的产品是碗、碟与壶，可以看出湖南人自古以来就有用陶瓷材料作为餐具的习惯。到了清末、民国初，醴陵窑崛起，成为湖南釉下五彩的代表。至近现代，望城铜官窑是湖南综合性陶窑系的代表，产品种类繁多，日用产品有缸、钵、盆等，主要生产陶器。

1．古代的陶瓷盛器美学风格

长沙窑瓷器（图6-20）的纹饰以诗词为最大特色，这在我国属于前所未有的。它将诗词歌赋与瓷器相结合，将瓷器的器型美与诗文的文笔美相结合，非常具有文化底蕴和中国特色。这种诗词书法与陶瓷器的结合不仅为餐饮器具增添了不少人文情怀，增加了器型的美感，也为后世研究诗词提供了另一条渠道。

除此之外，长沙窑的瓷器装饰手法还以彩绘及模印贴花见长。例如狮子、龙、摩羯、飞鸟等动物图样，花草、瓜果等植物纹样以及人物画等，青釉褐绿彩飞鸟纹碗（图6-21）就是比较典型的案例之一。

图6-19　红陶双耳罐

图6-20　唐长沙窑青釉褐彩题记瓷壶

图6-21　青釉褐绿彩飞鸟纹碗

长沙窑瓷器的色彩设计方面素以青瓷闻名，唐代制瓷业有“南青北白”之说。至唐代晚期突破单色青釉，发展成以褐、绿、红色为主的青花釉下彩。由于工艺的进步，这些器具在造型上突破了以往单一几何化的元素特征，出土的器物中以碗最多，呈青釉褐绿色。壶的数量仅次于碗，有施青釉、绿釉或酱釉的。罐多为双系罐，有酱釉、绿釉等釉色。此外还有碟、盘、渣斗、杯等器物。颜色同样以褐绿彩最常见。

2．现代的陶瓷盛器美学风格

陶瓷是我们日常生活中最常见的盛器材质，从古至今都是各类餐饮盛器制作选用的首要材质之一。陶瓷制品不仅在古代餐桌上大放异彩，在现代餐桌上也是运用颇为丰富。在湘菜的菜点盛装上，也大量运用陶瓷盛器。

（1）乡土风格　虽然湘菜历史悠久，但是在民间流传盛行的湘菜多为经济实惠的家常菜，故而搭配使用的陶瓷盛器多为朴实传统的风格。例如一些主打地道地方菜的餐馆，常用深色的钵子来盛装米饭，这个钵子通常上釉并不均匀，甚至有的钵子的底部并没有上釉而裸露出陶器的部分。还有很多焖制或炖制、烩制的菜肴有较多的汤汁，会使用或深色或浅色的双耳陶锅作为盛器，这些陶锅没有花纹或者仅外侧面有简单的线条或简笔花鸟画作为装饰，同样釉质并不通透，整体显得朴实厚重。而很多量足汁丰的菜肴也是使用纯色或是配有简单常见的青蓝色花纹敞口碗来盛装。这些质朴简单的盛器搭配味重色丰的湘菜以及餐馆朴实接地气的装修风格，反而凸显出一种颇具特色的乡土风味，以朴实甚至是一定程度上的粗糙来营造出一种自然的用餐氛围，给人以正宗、地道的印象与体验。

（2）简约风格　简约风格的陶瓷制品在现代生活中尤为常见，尤其是在20世纪60年代后西方艺术流派兴起极简主义后。简约风格讲究简约而不简单，在简洁的外表下仍然利用线条感或者简单的纹饰营造出时尚感。这类陶瓷制品常常在连锁式的湘菜饭店出现。无论是小型的饭碗、吐骨碟还是中型的菜碗、餐盘或是大号的汤碗、鱼碟、汤锅等，通常都会有以下特点：以一种素色为主色调打底，整个餐具装饰颜色不超过三种，没有繁复的花纹，通常以线条勾勒装饰餐具的边缘，且在餐具底部或者某一边缘部分有着连锁品牌的标志。这类设计简洁的陶瓷制品一是适用多种菜肴，不会因为较深的颜色或者是繁杂的花纹影响菜肴的呈现；二是因为整体造型简洁，方便清理；三是造价便宜，减少运营成本。这类简约风格的陶瓷制品不仅在湘菜餐饮企业常见，在全国各地的连锁餐饮企业也是经常使用的。

（3）轻奢风格　由于大众的生活水平提高，很多高档湘菜餐饮企业也涌现出来，他们使用的陶瓷盛器也不同于以往家常菜馆的餐具风格。目前比较流行的被称为轻奢风。以往常见的高档饭店可能会使用以黄色或红色为主的华丽中式皇家宫廷风格，又或者是以白色为主，有繁复的花纹或富丽的浮雕的欧式古典宫廷风格。但是在如今的餐具设计中这些风格已不太流行，并且在那些华丽的餐具设计也会显得太过于夸张。而在极简主义的影响下，一种轻奢风的餐具开始流行。轻奢风的餐具通常外形设计比较简约，线条流畅，没有过多的颜色修饰，但是釉色均匀，质地透亮，配上金色的线条勾勒餐具的边缘，显示出一种高级的质感。有的餐具可能内部釉色均匀，但是外部做成磨砂质感，内外对比出一种反差的层次感。这些餐具不一定是常见的普通餐具造型，通常尺寸更大，深度更深，或是敞口呈现出一定的角度或者底部加厚，以不同于常见餐具的尺寸、角度来凸显其美感与质感。

总而言之，湖湘地区的陶瓷盛器有着形制丰富、风格多样、用色丰富的特点。

三、其他材质盛器的美学风格

（一）漆器盛器的美学风格

马王堆三座汉墓共出土700多件漆器，其中一号墓出土184件，三号墓出土319件，绝大部分保存完整、光可鉴人。二号墓出土近200件漆器，能辨器型的有52件。这些漆器以实用器为主，品类齐全，涉及礼器、乐器、兵器、葬具及生活用具等方面，几乎囊括汉初所有漆器种类。其上出现堆漆、锥画、镶嵌、夹纻胎、扣器等新工艺，代表着汉初漆器工艺发展的最高水平。从马王堆汉墓漆器整体情况看，与先秦时漆器以礼器为主形成鲜明对比的是：其漆器品类已从礼器的圈子里跳出来，应用于生活的各个方面，先秦墓中常见的禁、俎和豆等漆礼器已荡然无存，新型生活用具不断涌现。其饮食器具有鼎、盒、盘、锺、钫、耳杯、卮、具杯盒、勺、匕、箸。

纹饰是楚汉漆器的另一个典型特征，流畅的曲线表现出楚地浪漫主义的特点，线条优美婉转，打破了时空的局限，不同的纹饰样式组合布局均匀，动静曲直有韵律感，好似突破了自然界束缚。

楚汉漆器纹饰分为纹饰内容和纹饰结构两大类：在纹饰内容上，主要分为现实类题材和神话类题材（图6-22和图6-23），具体包括：

①动物类纹饰（龙、凤、饕餮纹、窃曲纹、鸟、兽等）；

②植物类纹饰（花、蕾、瓣、枝叶等）；

③自然纹饰（山字纹、云纹、卷云纹、云雷纹等）；

图6-22　云龙纹大漆盘

图6-23　“轪侯家”黑地朱色云纹漆盘

④几何类纹饰（三角形、圆点等）；

⑤人物故事类纹饰。

在纹饰结构上分为：①单独纹样；②适合纹样；③二方连续；④四方连续。

楚汉漆器的艺术风格主要以红、黑两色为最基本的色调，以鲜明的颜色和对比展示了楚人在色彩选择上的原始自觉。楚漆多在黑漆的胎底上施以红、绿、蓝、褐、白、金属色等各种颜色的纹饰。而在众多的色漆运用中，红色与黑色的漆纹是运用的最为广泛的。红色是中国人最为喜好的颜色之一，红代表着阳光，象征着南方，给人以热情、吉祥、尊贵的感觉。对红色的推崇源自古代楚人对于图腾和祖先的崇拜，凤凰是楚人的图腾，是不死的象征，也是南方的守护神。黑色古称玄色，代表着庄严、肃穆，象征着北方。黑色与红色一样，都属于正色。

（二）搪瓷盛器的美学风格

搪瓷盛器是湖南餐饮中常用的用具之一，其除实用性外，还有着美学上的特点，使得它在湖南餐饮中备受青睐。

搪瓷盛器在设计和制作过程中，采用各种颜色的漆料进行涂漆，形成不同的颜色和花纹。这些色彩斑斓的搪瓷盛器让人们在就餐过程中感受到视觉上的愉悦感，增强了用餐的美妙体验。尤其是在湖南餐饮中，搪瓷盛器的色彩与湘菜中的色彩交相辉映，产生更加丰富的视觉效果。

搪瓷盛器在造型上也非常多样，如方形、圆形、长方形、椭圆形等。这些不同造型的搪瓷盛器可以根据不同的食品和用途进行选择。在湖南餐饮中，搪瓷盛器的造型与菜品相呼应，使整个用餐环境更加具有美感。

搪瓷盛器表面的花纹图案通常都非常清晰，不仅能够提高盛器的装饰效果，而且还可以增强食客的视觉体验。湖南餐饮中的搪瓷盛器花纹图案形态多样，包括传统的湘绣、年画等，同时也融入了现代元素，特别是搪瓷制品有一定的年代感，可以给人一种怀旧复古的感受，常见物品以图6-24为例。

湖南餐饮中的搪瓷盛器与湘菜协调搭配，不仅能够增强菜品的视觉效果，也能够提高用餐环境的美感。湘菜以其独特的风味和口感闻名于世，湖南地区的餐饮院子文化是其独特的社会风貌和地域特色的重要组成部分，最初起源于农村。早年间人们为了解决吃饭问题而在院子里自己动手种菜做饭，逐渐演变成为一种集家庭生活、饮食文化、社交娱乐为一体的民俗文化现象。湖南传统的院子通常有青石板铺就的地面、洁白的墙壁、挂满绿植的围墙和池塘或水景等，使其成为一个私密而舒适的空间。院子餐饮文化中的家常湘菜搭配上色彩

图6-24 20世纪40年代陈明仁使用的搪瓷水壶

斑斓、造型奇特、有年代感的搪瓷盛器，不仅突出了湘菜的地方特色，更是对中国传统文化的传承与弘扬。

第三节　湘菜盛器美的原则

盛器与菜品搭配紧密结合，湘菜中盛器归根结底还是以实用为主，而盛器也具有保温、散热等作用。美器与菜肴的美妙匹配不仅在于器物本身的质+形+饰，而且更表现在它的组合之美。而采用不同烹调方法的菜肴在盛器的选择上有着明显的区别，选用正确的盛器，相同的菜肴能够给人传递完全不同的观感。湘菜的盛器美学原则具体体现在以下方面。

一、菜肴烹调方法与盛器形态相统一的原则

在《吕氏春秋·本味篇》中已经有了“云梦之芹”“洞庭之鱄”等食材的记载，湘菜悠久的历史中，出现了许多传承至今的名菜，这些菜肴根据不同的成菜特点选用不同类型的盛器。如麻仁香酥鸭（图6-25）经过炸制过后，无汤无汁，需要平置于盘中，常选用平盘盛装体现菜肴的层次的特点；祖庵菜肴中著名的祖庵豆腐（图6-26）采用烩的烹调方法，需要搭配鲜美的金汤，因此会选用带有半弧状的汤碗盛装，让豆腐半浸泡在金汤中吸收汤汁，既保持了菜肴温度，又丰富了色彩层次。还有湘菜中以小炒为代表的菜肴辣椒炒肉，小炒讲究时间短速度快，旺火速炒，成菜重油重辣，通常选用菜碗盛装，将小炒油汁锁住，更加入味、透味。

因此湘菜中不同的烹调方法，选择的盛器也非常考究，同一种菜肴选用不同的盛器也会产生不同的美感。

图6-25　麻仁香酥鸭

图6-26　祖庵豆腐

二、盛器与用餐场合相一致的原则

根据不同用餐场合所选用的盛器也不同，例如高档的用餐场合、商务宴请类所选用的盛器常以高档的骨瓷为主，家常用餐盛器常用普通的瓷器，而寿宴、婚宴常选用带有较为喜庆的图案的器皿作为菜肴盛器（图6-27），丧宴则会选用色泽素雅的冷色调器皿作为盛器，不同的用餐场合、不同的气氛以匹配的盛器使环境更加和谐。

三、盛器与菜肴装盘空间相和谐的原则

“月满则亏，水满则溢”。湘菜中菜肴盛装也是如此，尽量做到“量体裁衣”，才能引起食欲。因此在菜肴的盛装中，盛装的空间也要做到和谐一致，对于一些炖、煮、煨类汤水较多的汤菜，不宜将汤汁漫至盛器边沿，对于较为蓬松的酥炸类菜肴，要尽量将其堆起，做到起伏有致，对于以蒸汽为传热介质的蒸菜类菜肴，要将其修整后架空，便于气体进入、味道渗透成菜后与碗盘结合至八成满为佳。餐具的大小应与菜肴的量相适应，菜肴量小，餐具过大，使人见之便有不“庄重”的感觉。反之，菜肴量大，餐具过小，会让人产生不食即饱的感觉。一般的原则是装盘时菜肴不应装到盘边盛装线外，更不能使汤汁溢出。

另外在盛装上桌后的菜肴摆放也要遵循空间和谐的原则，应该做到摆放错落有致（图6-28）。有的筵席为提高宴会效果采用几何形纹饰盘，这类盘以圆形、椭圆形、多边形为主盘中的装饰纹样，多沿盘器四周均匀，在视觉上让食客看起来更加稳定，还有一种线条感较为强烈的盛器，使菜肴与盛器浑然天成，巧妙搭配，富有变化。

图6-27 花瑶喜宴

图6-28 油炸臭豆腐（堆叠摆放）

四、盛器与菜品颜色搭配合理的原则

在盛器颜色选择上，一般会考量季节、菜肴类型、用餐场合等方面来选择盛器色泽，简单的色泽对比会给食客不同的用餐体验，但是颜色的选择应该遵循相互映衬和相互

烘托的原则，在美术中会将红、黄、蓝称为原色；红与绿、黄与紫、橙与蓝称为对比色；红、橙、黄、棕是暖色；蓝、绿、青是冷色。在春夏两季，冷色盛器使用频率相对较高，而秋冬两季相对选用的较为暖色调的盛器。如湘菜中春季季节菜肴豆豉炒水芹，菜肴本身就是呈碧绿色，再加上菜肴季节性较强，因此在盛器的选择上会选择颜色素雅的白色或淡蓝色来盛装；在冬季常食用牛肉、羊肉等，会采用色泽较深的棕褐色盛器来盛装。

有些菜肴需要一定颜色的餐具来衬托，浅色配深色，深色起着以深补浅的作用。深色的菜肴宜用色调浅的餐具（图6-29），以浅衬深，显得活泼而不呆板，清新而不混浊。

图6-29　砂锅甲鱼煨鸡（浅色盛器配深色菜肴）

课后练习题

一、单选题

1. （　）时期湖南出现了仿定窑制品，以益阳羊舞岭窑生产的芒口瓷盘和印花制品为代表。

   A. 唐代　　B. 宋代　　C. 元代　　D. 明代

2. “醴陵釉下五彩瓷烧制技艺”于（　）年被批准列入第二批国家级非物质文化遗产代表性项目名录。

   A. 2003　　B. 2005　　C. 2008　　D. 2012

3. 漆器主要由哪两种颜色构成？（　）

   A. 褐色和黄色　　B. 青色和白色　　C. 黑色和红色　　D. 红色和黄色

4. 哪种形状的青铜器更为实用？（　）

   A. 三角形　　B. 方形　　C. 圆形　　D. 扁形

5. 哪种陶瓷上色技术更加安全？（　）

   A. 釉上彩　　B. 釉中彩　　C. 釉下彩　　D. 釉外彩

6. 湖南出土的商代青铜器和中原器总体风格基本一致：浑厚稳重，构图讲究（　）、均衡。

A. 对称　B. 匀称　C. 不对称　D. 对比

7. 湖南商代青铜器纹饰主要有动物纹与（　）纹两大类。

A. 几何　B. 植物　C. 天象　D. 云雷

8. 长沙窑陶瓷器中数量最多的产品是碗、碟与（　）。

A. 杯　B. 壶　C. 盘　D. 缸

9. 长沙窑瓷器的纹饰以（　）为最大特色。

A. 花鸟　B. 诗词　C. 龙蛇　D. 几何

10. 长沙窑瓷器的色彩设计方面素以青瓷闻名，唐代制瓷业有（　）之说。

A. “南青北白”　B. “南白北青”　C. “南黄北青”　D. “南紫北青”

11. 高档的用餐场合，商务宴请用餐，所选用的盛器常以高档的（　）为主。

A. 陶器　B. 珐琅　C. 白瓷　D. 骨瓷

12. 一般的原则是装盘时菜肴不应装到（　）外，更不能使汤汁溢出。

A. 盛器外沿　B. 盛器底部　C. 盛器边缘　D. 盘边盛装线

13. 在春夏两季，（　）盛器使用频率相对较高，而秋冬两季相对选用的较为暖色调的盛器。

A. 冷色　B. 暖色　C. 深色　D. 浅色

二、思考题

1. 为什么说人类正式迈进烹饪时代的标志是陶器的诞生？
2. 为什么说青铜器实用性和耐用性更强？
3. 漆器为什么具有色泽艳丽、纹样丰富、轻巧便利等优点，从而替代工艺繁复、原料稀缺的青铜器，确立起造物主流类型的地位？
4. 为什么说湖南地区商代青铜器非常讲究造型的形式美，注重宗教威严气势、审美精神的表达？
5. 楚人对红色和凤凰的崇拜来源于什么？
6. 为什么现在搪瓷制品的使用远不如20世纪？
7. 思考一下生活中是否有同一种菜肴选用不同的盛器也会产生不同的美感的情况。
8. 你是否在实训学习中遇到过不同菜肴根据不同的成菜特点选用不同型材盛器的情景？请举例说明。

第七章　湘菜与意境美

意境美是艺术形象中意与境、情与景、心与物交融契合的审美境界，是艺术美的基本要素，中国传统美学的基本范畴之一。“意境”是艺术辩证法的基本范畴之一，也是美学中所要研究的重要问题。意境是属于主观范畴的“意”与属于客观范畴的“境”二者结合的一种艺术境界。

湘菜乃至中国菜特别讲究意境美，“吉日良辰，触景生情”可增进饮食的情趣，人的审美情绪和感受也就达到了更高的层次。因此学习并了解意境美的作用，意境美的风格特色，意境美的设计与表达，对于提升湘菜审美意蕴有重要的作用。

第一节　湘菜意境美及其作用

湘菜的意境美是围绕餐饮的主题产生和发展的，主题的变化包括餐厅环境、桌面布局装饰、菜肴装盘美化等都会导致意境的变化，但其最终目的都是给人以美的享受，创造出愉快和谐的氛围。

一、湘菜意境美的概念

意境是一种独特的艺术表现形式，可以在视觉和听觉上激发人们的感受。它不仅仅是一种线条、形状的堆积，更要通过释放出的能量来表达艺术家的情感。它的表达方式可以是艺术家本身的思维，也可以是一种特定的情绪。意者，情思也；境者，形象也。湘菜意境，是菜品通过具体形象表现出来的境界和情调。

湘菜意境美是指湘菜作品中展示的菜品图景与所想表达的思想情感融为一体而形成的艺术境界。特点是菜中有情，情中有菜，情菜交融。凡能感动餐饮顾客的艺术总是在反应对象“境”的同时，相应表达菜品制作者的“意”。即借助菜品表现心境，寓心境于菜品之中。

二、湘菜意境美的内涵

赏心者为上，悦目者为下，不于意境上用力，就没有“言外之味”“弦外之响”。正如苏东坡所说的文学作品：“论画以形似，见与儿童邻；赋诗必此诗，定非知诗人。”

（一）湘菜意境美以菜品为依托

在菜品创作中我们追求意境，就是追求一种情景交融的艺术境界。没有菜，情感就不能从主体转为客体表现，菜品是有形的，情感是无形的，以情入菜，就能以神求形，以形写神。湘菜意象的焦点不是对菜品进行匠气的装饰，它不求完全再现，而是追求“相中之色，水中之月，镜中之象”，是象外之象、菜外之景、韵外之致的无穷意境。

当然只有深刻认识客观菜品的精神实质，才能有更深远的菜品意境。菜品创作在这方面成功运用的例子不胜枚举，如孔雀开屏在立意上的突破达到了空前的水平，以优美的形态装盘，简约含蓄的摆设，使作品的内容和形式达到了高度统一，以菜的形态寄情，通过融入情感，抒发食客对美好事物和某种心理需求的深远意境。

菜品的形象要抓住对象的本质特征，加以强调表现，不能普普通通。只有把构思中典型化了的实物加以强调、夸张，舍弃一般的、表面的、烦琐的、次要的东西，避免烦琐冗杂，这样才能使菜品更高级、更集中、更典型、更理想，使菜品比自然更美。只有竭力表达最主要的东西，才能赋予菜品鲜明的个性，才能引人入胜，打动人心。

（二）湘菜意境美以美学原则为基础

虚实相生是湘菜意境的主要表现方式，它是美学原则，是艺术手段。以虚映实，以实显虚，虚中有实，实中有虚，虚实相生，体现着厨师对审美特性的全面把握。有倾向地取舍、精炼，可以让食客对所突出的部分产生强烈的印象。

传统湘菜要求“留白”，因为实处并不能曲尽其妙，菜品创作在注重留白的同时，还应当懂得留白的价值及其运用。用空白来突出主题，能使主题更加鲜明，“留白”“实空互依”，便是虚实结合这一美学原则的具体运用。也就是说菜品本身实处重要，空白处也重要，“白”与“实”相依相生、相映成趣，给欣赏者留有审美想象的广阔天地。

三、湘菜意境美的特点

（一）湘菜意境是一种若有若无的朦胧美

湘菜意境首先是菜品作为艺术中一种空灵境界出现的。在中国传统哲学和艺术思想中，理性与感性、精神与物质、形而上与形而下，从来都是彼此依存、相互联系的，二者总是在不同层次上处于高度的统一之中。在湘菜传统境界里，更多地将其分为虚与实两个部分，心与物、情与景、意与象、神与形等，大体上讲，前者为虚，后者为实。湘菜意境的实的部分存在于菜品造型、色泽、香味、质地的意象之中；虚的部分，即湘菜意境之重要或本质的部分，存在于想象和感悟之中。

（二）湘菜意境是一种超越美

中国传统关系与艺术理论，从来就是追求一种“韵外之致”或“味外之旨”。湘菜的意境早已超脱空间美所要表达的思想，它以有形的环境设计、空间设计、台面设计、菜品造型设计等方法让饮食成为一种超越饮食的活动，让饮食美成为超越意境美的独特的湘菜美学。

（三）湘菜意境是一种不设不施的自然美

湘菜美学史上，历来有两种不同的审美理想，一种是“错采镂金，雕缋满眼”的美，另一种是“初发芙蓉，自然可爱”的美，后者更被看重。湘菜意境追求天然之美、纯真之美、素朴之美，归结为一种自然天真的审美趣味，对于湘菜传统关系产生了巨大的影响。

四、湘菜意境美的作用

（一）渲染气氛，营造意境

湘菜意境美的产生离不开意象，当众多的食材和器具意象组合在一起，或借环境抒情，或寓情于菜品，这些意境就会自然地创造出与之特征相符的气氛，食客也会产生置身其中、身临其境、人在菜中游的感觉。

（二）寓情于菜，情菜交融

不论是传统菜品还是创新菜品，烹饪者习惯于将顾客的内心情感融入菜品意境之中而不直接表白，这就产生了含蓄蕴藉的艺术效果，顾客品味咂摸，含英咀华，自然也受到了艺术上的熏陶感染，获得精神上的审美快感。此时，菜品所产生的意境不仅是客观可食用的食物，而且满含着某种情绪。菜品虽不言情，却饱含着情，蕴含着意，不论是看在眼中还是吃在嘴里，无不流淌着汩汩情感之流。

（三）借菜抒情，为情铺垫

情菜交融，讲究的是食客感情“不着一字”，菜品“尽得风流”。借菜抒情，一般是通过烹饪者的技术将食材做成菜品装盘再加以点缀，借助菜品中的形、色、味、质、器及装饰物构成一景，借助菜品的形成的意象来表达主题，或者勾起食客的某种情感。烹饪者极尽想象，为菜品抒情蓄势作铺垫，使主题或者情感的表达水到渠成。

（四）贯穿始终，成为线索

湘菜意境像璀璨的粒粒珍珠，闪耀着自己的清辉光芒，总有一根丝线会将零星散落的珍珠穿在一起，串成一挂夺目闪耀的项链。丝线这个意象，就成为菜品的线索。这条线索，把食客的所见所闻所感贯串在一起，融情于菜，浑然天成。

（五）增加美感，促进食欲

爱美之心人皆有之，富有意境的菜品不单给人以视觉上的享受，更能激发食客的想象，进而促进食欲。

第二节　湘菜餐厅环境之美

“境美”是指就餐环境布置格局所呈现出来的美。人总是置身于一定的环境之中，任何客观的环境都会表现出一种超出环境的语言和情调，影响人的心理。人的心境和环境是双向作用的关系。人的不同心理会给环境蒙上一层主观色彩，而环境的客观稳定性，又会给人以情绪上的干扰和影响。优美的餐厅环境、秀美的自然风光，在就餐前就能起到“未成曲调先有情”“未尝美味先得意”的作用，而且它将伴随就餐者与饮食活动始终，直接影响到就餐全过程中就餐者的情绪，给人以美的享受。

一、湘菜饮食环境之美

饮食环境虽与食物没有直接联系，但却在饮食文化的审美问题中占有颇为重要的位置。如何达到意境之美，如何布置和选择适时的进餐环境，从古至今，随着时代的发展，人的审美趣味和需求的不同，也发生了很大变化，不能拘泥于某一种形式。在现实社会中，应根据人的年龄、性格、修养、喜好灵活掌握。正所谓小体之食与大千世界相映成趣。

好的装饰点缀能带给人美感，创设出舒适宜人的进餐环境。置身于优美的环境中，品味色、香、味俱佳的湖湘美食之妙，欣赏湘菜餐具器物的典雅之美，可以使人领会到湖湘传统文化和审美风尚的精髓。人们在进餐时对幽雅环境的赏味，对精美餐具的玩味，对亲情友情、人生乐事的体味等多种享受，形成饮食文化的意境美。就餐环境有自然、人工、内、外、大、小等区别。尤其是对自然美景的追求与描写古来有之。李白《月下独酌四首・其一》诗中的境是集自然、人工、大、小于一体的境：“花间一壶酒”的花间；天上地下，上有明月，下有身影。苏轼的《前赤壁赋》所记则是以天地宇宙为大境的审美评鉴。

二、湘菜餐饮环境美的设计

（一）照明设计

餐饮业发展到如今之辉煌境界，与照明技术的发展是分不开的。在设计饭店建筑时，建筑师必须充分考虑自然采光的效果；而在饭店运作前或运作中，从室内设计师到饭店经营管理者又都必须考虑人工照明的设置。离开了光，饭店室内的空间、色彩、质感等审美要素都无法为人的视觉所感受。

1. 照明的主要作用

（1）改善空间关系，增强空间感染力　照明和灯具布置，与创造餐饮空间艺术效果有密切的关系。光线的强弱、光的颜色以及光的投照方式，可以明显地影响空间感染力。明亮的空间显得大一些，暗淡的空间显得小一些。室内照明可以使室内变得有虚有实，并能增强空间的感染力。比如，在一个大的空间里利用不同的照明方式和灯具，可以把空间分成几个虚实不同的区域，使空间具有一定的层次变化。冷暖光的配置对空间也有一定的影响，暖色灯光照明使空间显得温暖，冷色灯光照明使空间显得凉爽。灯具形式的不同也会影响空间的效果，吸顶灯使空间显得高耸，而吊灯使空间显得低矮。

（2）渲染空间气氛　灯具的形式、光亮度和彩度，是决定空间气氛的主要因素。亮度适当的光线，使空间显得柔和、安静；而昏暗的光线，可以增加空间的私密感。一盏水晶吊灯可使门厅、餐厅等显得富丽堂皇；旋转变化的彩色灯光可使空间扑朔迷离，令人难以捉摸；多彩的照明（彩色灯光、霓虹灯）可使室内气氛更活跃、更生动、更有节日的欢乐气氛。改变灯光的投射方向，使其在墙面或顶面产生特殊的阴影，或利用灯罩的透光部分在墙面及顶面产生一定的光影效果，都可增强空间的装饰气氛。

2. 照明标准的选择

在使用各种照明光源时，为了合理、科学地使用光线，还应考虑各种场合的光照亮度标准以及光色与气氛、色温与亮度、光色与对比等因素。

（1）光照亮度标准　由于用途和清晰度的要求不同，各种饭店的餐厅亮度也不相同；即使是同一饭店，其内部空间的使用要求不同，选用的亮度标准也是各不相同。

（2）光色与气氛　由于光源的色温不同，光的颜色也就不同。一般情况下，电灯泡等色温低的光源带红色，使环境产生一种稳定的感觉。随着色温降低，逐渐给人一种从白到蓝的感觉，让人觉得爽快、清凉，同时带有一种动感的气氛。

（3）色温与亮度　除色温会影响气氛外，色温与亮度的关系也会影响气氛。如在基础照明上再使用色温高的光源时，若亮度不高，则有阴晦的感觉；如使用色温低的光源，亮度较高，则会有闷热的感觉。所以根据各种不同环境气氛的要求进行设计时，应适当选用与环境相匹配的色温和亮度。一般设定基础照明的亮度的大致标准是：电灯泡为60～300勒克斯，高色温的白色荧光灯可设定在500勒克斯以上。

（4）光色与对比　在同一空间环境中如果使用两种色差很大的光源，则光色的对比会出现层次的效果。光色对比大时，在获得亮度层次时，又可获得光色的层次。如聚光灯用较小的亮度，便可得到较好的效果。如果光色对比小，仅靠亮度层次而又必须取得最佳效果时，就要使用更高亮度的聚光灯。如果巧妙地运用这些光色对比效果，则可以减少整个环境的照明设备，节约电能。此外，用光塑造立体感、用光表现质感等，都是我们进行照明布局和确定亮度标准时所要考虑的因素。

3. 灯具的选择

灯具，是室内照明的器具。它在室内环境的设计中，除实用价值外，还在装饰功能上占有重要位置。

（1）灯具的装饰作用　灯具，是人工照明的必需品，又是创造优美的餐饮环境所不可缺少的设备。特别是在需要创造特定气氛时，如宴会厅、美食节等，灯具的双重功能能为营造餐饮气氛带来极大的帮助。同时，利用人工照明能够起到调节室内环境的格调和画龙点睛的作用。

灯具的造型和装饰，体现了一定的风格。现在常见的灯具的风格有：古典西式灯具、古典中式灯具、日式灯具和现代式灯具。这些灯具的造型除与各自的室内建筑风格相呼应以外，应该指出的是，古典式的灯具绝大部分是受各种电源灯产生前的人工照明的影响。如蜡烛式、油灯式的吊灯，其造型与18世纪的欧洲非电源灯具相差无几；灯笼和多角形木结构灯具，则与中国民间甚至宫廷的油灯、烛灯分不开；日式的框式顶灯和竹木架的各类灯具，更是其传统灯具的再现。由此可见，合理使用和选择灯具的样式对强调室内装饰布置的风格十分重要。

（2）灯具的选择　灯具在现代建筑装饰工程中扮演着重要的角色，由于它的光、色、形、质的作用，可使本来没有特色的建筑增色不少，对本来已较出色的建筑装饰也能起到锦上添花的作用。因此，在餐饮装饰设计时，灯具的设计和家具一样，应由设计者做总体构思，以取得与整体环境相配的效果。

如何在品种繁多、千姿百态的灯具中选用合适的灯具，其要领可以归纳为以下几点：

①灯具的造型要与整个餐饮环境的风格相协调。

②灯具的规格大小、比例尺度与餐饮环境的空间要相配，并有助于室内空间层次的变化。

③灯具的设计要有助于增加餐饮环境艺术气氛。

（二）家具的选择与布置

空间意境决定了家具的风格。华丽、轻快而活泼的室内气氛最好配置色彩明快、形体多变的现代家具；朴素、典雅的室内气氛最好配置色彩深沉、形体端庄的古典家具。总之，不同意境的室内气氛要求配置不同形态的家具。

1．家具的选择

家具不仅本身要美（包括造型、色彩和装饰纹样等方面要美），更重要的是整体风格的协调统一。

（1）风格　装饰布置要求家具之间要配套，家具与环境要协调，形成一种统一和谐的风格。在中国古典式建筑中，一般不摆放西式家具。同样，在古典西式建筑中，也不宜摆放中式家具。另外，环境的气氛也要求有相应家具的风格，如在轻松明快的茶室中，往往配备藤制、竹制的桌椅等。

（2）色调　一般成套家具的色彩是一致的，如果是另配的家具，就要看彼此是否协调。家具与室内环境的色彩关系更应注意保持合理，墙面、地面是家具的背景和衬托，彼此的色调应能构成一个整体。

（3）式样　这是在非成套家具放在一起时才会出现的问题。有的非成套家具虽然是一种风格，但不是一种式样，如家具的腿、脚、拉手和图案不相同，这种细节的差别也会影响整体的完美。

2．家具的布置

家具的布置不仅与使用功能有直接关系，而且对组织室内小空间也具有重要作用。在既定的建筑空间中，空间的平面形式多种多样，有时难免碰到比较杂乱的平面形式，这时，用家具来组织构建空间就是必不可少的手段了。可以在杂乱空间的联系点上摆放与之相适应的不同形式的家具，使空间有分有连，形成完整的空间形态。这样，无论在心理上还是在视觉上，都使被重构的空间产生一定的秩序感和节奏感。在室内陈设中，为了使空间的效率有所提高，满足多种实用功能的要求，常常用家具来分隔空间。这种由家具的高低和宽窄不同所限定的空间，其强度和形式是多种多样的。

（三）餐厅的陈列设计

餐厅内陈设的装饰物，是饮食环境总体色彩的补充和点缀，可利用它们与环境背景的明度差、彩度差和色相的强烈对比，形成活跃的气氛。

餐厅的装饰物包括实用与欣赏两部分。实用装饰物指桌布、灯具等。桌布以白色为佳，白色桌布能最好地衬托出盘中的美味。灯的式样应与整个餐厅风格配套，如中餐厅可用宫灯，西餐厅可用吸顶灯等。欣赏装饰物，指字、画、花木、盆景等。餐厅墙上可以悬挂字、画；地面上可放置花木盆景等。北京饭店东楼大厅有一瓷片镶嵌画《漓江新春》，引人注目，画面约85平方米，占据了整个东墙画，“江作青罗带，山为碧玉簪”，奇峰迭起，漫江碧透的桂林风光，尽收眼底。画中碧波荡漾，竹筏逶迤，坐在大厅里就餐，真有泛舟漓江之感。装饰物的陈列将使空间面貌改变，产生不同的情趣。一件圆形的硬质木雕壁饰与一件软质条幅壁饰不同，悬挂立轴的中国画与西洋画作品不同，宫灯与吊灯不同。同样都是织成、做成的抽纱、刺绣、印花的台布，因材料质地和工艺手段不同，而使人在心理上形成不同的感觉，产生和谐或不和谐的倾向。因此，装饰的最终目的应与餐厅整体美学风格协调。

当餐厅过于空旷时，宜用花木盆景等充实空间，但不宜过分壅塞。有时可利用四周墙隔装饰等手法来扩大空间。餐厅过道，不要过多杂放装饰品，以免影响行走。无论是盆景、瓶插、书画作品、挂屏、壁饰、文物、工艺品等皆应使它们的造型、色彩、质感等美感因素与整个环境相适应，且不能喧宾夺主，一般宜少而精，简而雅。

三、湘菜饮食环境美的风格

（一）以湖湘庭院为主的庭院风格

庭院风是将湖湘民居院落、屋檐、砖墙、护栏、长廊、山墙等元素融入餐厅环境之中，打造具有浓郁湖湘文化特色的餐厅（图7-1）。这类餐厅环境设计时融合了创新之美，却依旧散发着古老的韵味，让人身处闹市却又有安静祥和之感，移步换景更有诗情画意。庭院风或化形为意，垒土石为假山，引清流为园池，将山水等元素融入其中，借助场景化的语言，在自然山水间点亮数盏人间灯火，营造出沉浸式人文饮食空间，让消费者充分体验湖湘特色，让湘人感受家的温暖。

（二）以森系设计为主的清新风格

湘菜餐厅中有一种别具一格的清新式装修风格，起源于森系设计灵感，通常会结合古木，配色以淡绿浅红为主，古木的醇、静除去餐厅天然存在的油腻感，淡绿浅红的点缀

图7-1 庭院风格餐厅

图7-2　清新风格餐厅

增添了自然的清新。采用彩色跳跃的地砖配亚麻软帘，干净舒服（图7-2）。

（三）以凸显情调为主的花园风格

近年来，“花园+餐厅”模式的主题餐厅层出不穷，生态美景与餐饮美食的完美融合成就了诸多的餐饮企业。花园餐饮设计以花、草等植物景观为主，辅以假山、水池等元素，营造花园般的就餐环境，顾客目之所及都是极具美感的盎然绿意、缤纷的花朵、潺潺的细流（图7-3）。白日的清新，夜晚的风情，在这里得到了最完美的诠释。这就是城市里的“绿野仙踪”，满满的浪漫情调，是诗意与时尚的兼容。在满足味蕾的同时，花园餐厅也契合了现代人对回归自然的美好愿景。

（四）主打异域风情的地中海风格

湘菜发展至今，成为享誉全国的菜系，其兼容并蓄之美起到重要作用。在餐厅装修

图7-3　花园风格餐厅

图7-4　地中海风格餐厅

上也不再局限于中式庭院、浪漫花园等风格，浓郁的地中海风格也逐渐被湘菜消费者的审美所认可。梦幻玻璃房，泳池，大椰树，以及餐厅里面迷人的蓝白搭配，都显得十分通透，就像是地中海蔚蓝色的海岸与白色沙滩，希腊的白色村庄与沙滩和碧海、蓝天连成一片，还有各种绿植和饰品营造出清爽舒适的氛围（图7-4）。

（五）以民族建筑艺术为主题的民族风格

湘菜餐厅装饰中颇受欢迎的是融入了湘西吊脚楼元素的民族风格餐厅（图7-5）。此类餐饮空间设计延续湘西民族文化的特色主调，采用湘西吊脚楼的用餐形势，布局错落，竹器、银饰、织锦点缀，让消费者沉浸式体验湘西风情之美。

图7-5　民族风格餐厅

（六）以朴实话湘味的市井风格

地道湖湘，市井老味，在高速的现代化进程之下，属于市井的烟火仍在延续，如地摊火锅、街边老店等。此类餐厅设计时通过对材质、空间结构、道具等细节的把握来提升餐饮的空间气质，呈现出融于市井而又独特的“街边店”的感觉。市井风格表达的思想是：不管走多远，不管你现在是怎样的状态，这里总会给你一个属于自己的，无需拘谨的市井温情，坦然面对新的一天，活出新的滋味（图7-6）。

（七）以品质提湘品的轻奢风格

轻度的奢侈、低调的奢华可以说是轻奢主义设计的理念。轻奢风重在质感，以金属、皮革、玻璃、木材等材料形成对比，用明亮的橙色或黑金色强化风格。轻奢风（图7-7）在众多同质化的湘菜空间中，再造符合湖南地域特征、地方文化，并符合当下审美，引领设计认知的新场景。金属材质的硬朗线条勾勒出的公区通道，产生迤逦的身姿并充满力量感，符合湖南人刚毅的品格；曲则有情，呼应了湘菜餐厅迎客的亲和尺度。轻奢风追求的是生活的本真品质与时尚品位。

图7-6　市井风格餐厅

图7-7　轻奢风格餐厅

第三节　湘菜餐桌装饰之美

这里的餐桌装饰之美，是指筵席上台面体现出的观赏性与审美性，而不是指环境装饰之美。筵席台面分素台面（食用台）和花台面（观赏台）两类。素台面只摆台布餐具，用于普通筵席，只有高级筵席才将素台面和花台面并用。花台面具有装饰意味，它是将所选的原料，通过技术和艺术的组合摆置在餐桌上，是技术性与艺术性的统一。台面构图必须与主题气氛相吻合，构图线条力求省工准确，形象生动。所用颜色，可以五彩缤纷，构图协调不落俗套。台面装饰手法通常有：花卉装饰法、蔬果雕花法、餐巾拉花法。

一、花卉装饰法

花卉装饰法是用花卉、枝叶及果实等直接装饰餐桌的一种方法。它不仅能引起人的食欲，而且能增添就餐情趣，给人以美的享受。它的形式一般有三种：图案式、自然式和盘式。

图案式比较讲究，艺术性较强。一般是在素雅幽静的台桌中间，用绿叶、香花、红果等组成欢迎的文字和图案。如用花果叶结合摆置成龙凤呈祥、彩蝶迎客、祝君如愿等。人们入席品味玩赏，可以留下难以忘怀的印象。

自然式运用得好，野趣盎然，极富诗情画意。但要做到杂而不乱，野而不俗。如用一盘清水，几枝梅花斜放水上作谜，谜底（诗句：“疏影横斜水清浅”或是梅花的一个品种“照水梅”）贴在盘底供客人猜度。不论猜中与否，都将给客人带来无穷的快乐。

盘式是将花、叶、果等观赏部分巧妙地置放在各式浅盘中的一种装饰方法。盘式装饰要充分发挥和利用盘的作用（图7-8）。盘可平置，也可制架立放，用花、叶、果剪贴组合成各种风景，或用糕点配合花、叶、果组成盆中盆景，也可组成小巧的簪花。客人于宴前或散后撷取一朵插在发髻或胸襟上，更能增添活泼气氛。花台面装饰是用花卉依季节、时令和客人习俗，酌情选用。秋季可选用菊花、红叶；冬季可选用蜡梅；春季可选用迎春花等。

图7-8　餐桌插花

二、蔬果雕花法

蔬果雕花法是运用特种加工技术把烹饪原料雕刻成实物的形象的方法，称食品雕刻，又简称菜雕、瓜雕。它是我国厨师的一种高级艺术创作，其发展的历史比较悠久。先秦时期，我国已产生了食品雕刻工艺。《管子》记载：“雕卵，然后瀹之，所以发积藏，散万物”。春秋战国就有雕刻的蛋了。《左传》记载有“画卵”“雕锈”，即表明人们的食物中有经过精雕细刻的美化了的鸡蛋。隋代出现了“镂金龙凤蟹”，是在醉蟹上覆盖一张用金纸镂刻的龙凤图，据说是隋炀帝的御用佳肴。宋代食品雕刻美化的对象已扩大到蜜饯食品：梅子、竹笋、冬瓜、木瓜、金橘、蜜姜等。雕刻的造型，除雕成各种植物花形外，还增加了动物形象。明代驰名中外的扬州“瓜灯”，即用西瓜做材料，刻以花、鸟、鱼、虫、人物风景，可见扬州瓜雕技艺已十分精湛。

图7-9 食品雕刻

食品雕刻，是专门供观赏的，在古代称为“看菜”(图7-9)。通过雕刻蔬果能使菜点的形、色更加完美，同时又起到陪衬、烘托和突出作用。它既反映出厨师的精湛技术，又表现了主人的热情好客。特别是在高级筵席上，食雕艺术装饰筵席，渲染气氛，所以，食雕被称为餐桌上的艺术，是我国烹调技艺中的一朵璀璨奇葩，蔬菜雕刻装饰手法大致有以下几种。

（一）烘托主食

就是以菜肴围住食雕。先把食雕摆放在盘中间，四周或两旁盛放菜肴，以烘托主题，从而增加整体的形象美和色彩、造型的装饰美。这类雕刻作品大都以花鸟虫兽大型立体整雕为主。

（二）随意布置

不分盘边盘中，而是根据不同的菜肴灵活运用。这种装饰方法适用于无汤汁、无油腻、热制凉食的大型艺术冷盘。如把雕刻的亭台、楼阁、宝塔、茅屋、桥等小件摆放在假山上、河流中，即成错落有致、布局自然、别有一番情趣的山水盆景冷盘。

（三）点缀陪衬

把雕刻成品与菜肴成品摆放在一起，用菜雕点缀主料，起到整体完美生动，色调和谐悦目的效果。或者在围边的基础上有计划、有比例、有角度地摆放菜雕，陪衬主菜。

三、餐巾拉花法

图7-10　餐巾拉花

餐巾拉花法就是将餐巾先叠、折，然后用抽拉的方法，完成全部花形。拉花形式多种多样，形态逼真，庄重典雅，别有情趣。

餐巾拉花（图7-10）又名口布花，在西方，15世纪就使用餐巾了。餐巾具有双重作用，首先是保护进餐者的衣着，围在胸前或摊在膝上，以防菜汤滴落，沾污衣服，并且还可用来擦手，这也是餐巾初期最主要的功能；其次，美化台面，随着历史不断发展，餐巾花样翻新，除上述作用外，兼有装饰点缀台面的作用。餐巾经过精心折叠以后，再徐徐拉开，有的像花，含苞待放，争奇斗艳；有的像鸟，大有翱翔凌云、比翼双飞之势；有的像蝶，翩翩起舞，争相媲美，玲珑别致，栩栩如生。把它们插放在甜酒杯或水杯内，生机盎然，使客人感觉鸟语花香，凤飞蝶舞，仿佛走进了百花园，令人心旷神怡。这提高了摆台的装饰效果，衬托了菜品，给丰盛的筵席锦上添花。

餐巾拉花的种类一般有150余种，分三个大类。

（1）植物类　主要以花为主，有兰花、樱花、茶花、牡丹花、荷花、桃花、梅花、鸡冠花、竹笋、仙人掌、卷心菜等。

（2）动物类　主要有孔雀、凤凰、鸽子、海鸥、鸳鸯、松尾鸟、小白兔、乳猪、燕子、大鹏、鸵鸟、长颈鹿、蝴蝶、蜻蜓、鱼、虾等。

（3）象征造型类　主要是根据实物模仿，如花篮、折扇、火炬、飞轮、蜡烛等。

餐巾拉花一要根据不同的主题，正确选择有象征意义的花形。如小型宴请，宜以花、鸟、鱼等多种类型搭配，使桌上的花形丰富多彩。大型的宴会，可选用同一花形，以便整个宴会整齐美观，也可使主桌的花形与其他桌不同，突出主桌。二要根据冷盘选择花形。如凤凰冷盘，可选用鸟形拉花，象征百鸟朝凤。花式冷盘，可选用花形拉花，象征百花齐放。三要根据季节选择花形。在夏天多选用荷花、石竹花等花形。总之，各种各样的餐巾拉花都能给宴会增添轻松欢快的气氛。

第四节 湘菜菜品意境之美

湘菜意境美，是菜品潜在的一种美的情致和风采，是菜品本身焕发出的艺术魅力所在。菜品的意境美，能巧妙地体现在菜品的色、香、味、形、质、器、意之中，使食客在欣赏菜品形象美的同时，产生思考和联想，领悟到其内涵。湘菜意境美的风格有含蓄朦胧美、空灵美、寂静美、非理性美、简淡美、幽远美等。

一、含蓄朦胧美

含蓄朦胧美是我国古今艺术家所孜孜以求的一种艺术境界，也是湘菜意境最重要的艺术境界。含蓄意境指意思含而不露、耐人寻味。含蓄美，是含而不露，隐而不显，用有限的食材形象去包孕无限事物和情感乃至宇宙的本质和生命的真谛，让食客浮想联翩，思之无尽，在食用过程中去想象和补充，使菜品的主题得以表现与延伸（图7-11）。

图7-11　18头南非孔雀鲜鲍

朦胧是模糊不清。朦胧美是形象模糊，概念不确定，可意会而难以言传的含蓄朦胧的美。其特征是用某种朦胧且含蓄的形式来表现多义性的内容，使欣赏者通过猜测、想象和意会，获得审美享受。

含蓄朦胧美可分为初级和高级两种形态：即初级形态的含蓄美和高级形态的朦胧美。朦胧美之中必然包含着含蓄美，含蓄美的菜品却不一定具有朦胧美。

在湘菜制作中，若呈现含蓄朦胧美主要有三种方式：

（1）虚实相生　把菜品中的实和虚巧妙地结合起来，用实来暗示虚，用虚来补充实，实中有虚，虚中有实，虚实结合，变化无穷。实是菜品本身的景真实清晰；虚是运用灯光、水雾等形式，达到虚化菜品的艺术效果。把主体清晰呈现，置身于朦胧之中，能使菜品简洁集中，主体醒目突出。

（2）动静相宜　运用动、静两个视觉元素，营造出特殊的意境，呈现出耐人寻味的效果。将菜品呈现在食客面前时，一是菜品保持不动，利用环境中其他可动的物品让菜品呈现朦胧的动感。二是菜品动而环境中其他物品不动，让单个菜品与运动的主体保持相对静止，使动体本身清晰或较为清晰。

（3）藏露结合　我国明代艺术理论家唐志契在《绘事微言》中指出，景越藏境界越大，景越露境界越小。如果只有露，没有藏，直奔主题，图解思想，会给人一览无遗、平淡乏味的感觉。意境菜品不是直接地展现它的一切，而是用藏中有露、露中有藏的方法，表现出丰富的内容和思想感情，让食客自由想象，思而得悟。

自然界中，水光山色的空蒙迷茫，月光下物体的模糊恍惚，还有云、烟、雨、雾等都具有含蓄朦胧美。意境菜中的含蓄朦胧美表现于内容意蕴的模糊、抽象、含蓄蕴藉不直露，表现于形式多用叠、排、堆、围、扣、摆、贴等手法及其组合的模糊不确定，使人难以通过直观感受或按常理加以理解，必须通过丰富的想象力进行猜测、推断，才能把握其真实的含义和内在的美。

二、空灵美

空灵是灵活而不可捉摸。在意境菜中，空灵是一种意境，空是指一种纯净的可以进行审美静观的形象氛围；灵是指灵气、生气的自由往来。空与灵结合在一起，便是指在纯净、虚静、空荡的气氛中时时透露出生命灵气的一种艺术境界。空灵不是以实就实，而是在于空诸一切，心挂无碍，容纳万境（图7-12）。空灵美的另外含义在于透明澄澈，它的玲珑剔透宛如镜中花水中月。空灵空而不虚，有生命的灵气充溢丰盈。

图7-12 毛氏红烧肉配六头鲍

三、寂静美

寂静，即没有声音，安静，沉寂。它代表了深度的宁静与平和。在忙碌的日常生活中，我们时常渴望摆脱喧嚣，回归内心的宁静。这种宁静并不仅仅是外在环境的寂静，更是心灵的平和与安宁。为了让食客体验这种境界，我们需要通过精心的设计让菜品成为一种传递情感和生活哲理的艺术品。

具有寂静美的菜品可使人在静谧中欣赏、食用菜品并排除烦扰，在清空里参悟到象外之形，感受到生命的真意和世界的奇妙（图7-13）。

图7-13 老姜仔鸡炒鲍鱼

四、非理性美

非理性主要是指有别于理性思维的精神因素，如情感、直觉、下意识、灵感等。如冷拼作品“珠联璧合”（图7-14），在菜品形式上和内容上都具有非理性的特征，可激发食客强烈的探究欲望和好奇心，对他们产生强烈的吸引力。

图7-14 珠联璧合

五、简淡美

简淡即简朴淡泊，简朴为简单朴素，淡泊为超脱、不追逐。新式意境湘菜以简洁为上，简于象而意深（图7-15）。格式塔心理学认为，知觉能比眼睛遇上更多的东西，知觉总是要超过提供给感官的基本资料。因此，作为感知刺激对象的菜品结构，结构形态所提供的信息越少，形态转换所导致的感觉联想的信息量就越大。淡是说菜品的色泽要浅淡，其次是淡泊，只有超脱才能放弃杂念，进入状态，得到创作的顿悟。简淡美是在具体中求抽象，抽象中有具体，带给食客更多的想象和幻想空间，是艺术的至境。

图7-15 脆皮乳鸽

图7-16 黄金流沙蟹

六、幽远美

幽远意境是指通过意境菜品中的形体的延伸，使人的目光突破形体伸展到远处，引向菜品之外，从有限的时间空间进入到无限的时间空间，进入“象外之象”“菜外之景”（图7-16）。在无限的延伸中，反观自心，在心与自然的融汇中体悟到无限的意境。

课后练习题

一、单选题

1. “吉日良辰，触景生情”，说明湘菜讲究（ ）。

A. 意境美　B. 形态美　C. 寓意美　D. 名称美

2. 以花、草等植物景观为主，辅以假山、水池等元素，营造花园般的就餐环境，是（　）的设计。

A. 田园风格　B. 民族风格　C. 庭院风格　D. 清新风格

3. 地中海餐厅设计风格主要以蓝色和（　）为基调。

A. 绿色　B. 白色　C. 灰色　D. 黄色

4. 虚实相生的方式主要体现了湘菜意境的（　）。

A. 朦胧美　B. 空灵美　C. 寂静美　D. 非理性美

5. 在具体中求抽象，抽象中有具体，带给食客更多的想象和幻想空间，主要体现了湘菜意境的（　）。

A. 朦胧美　B. 空灵美　C. 寂静美　D. 简淡美

二、判断题

1. 意境美是艺术形象中意与境、情与景、心与物交融契合的审美境界，是艺术美的基本要素，中国传统美学的基本范畴之一。（　）
2. 湘菜意境是一种若有若无的朦胧美。（　）
3. 湘菜意境是一种可复制的美。（　）
4. 人总是置身于一定的环境之中，任何客观的环境都会表现出一种超出环境的语言和情调，影响人的心理。（　）
5. 空间意境决定了家具的风格。华丽、轻快而活泼的室内气氛最好配置色彩明快、形体多变的现代家具，朴素、典雅的室内气氛最好配置色彩深沉、形体端庄的古典家具。（　）
6. 在中国古典式建筑中，可以摆放西式家具。（　）
7. 在室内陈设中，为了使空间的效率有所提高，满足多种实用功能的要求，常常用家具来分隔空间。（　）
8. 院落、屋檐、砖墙、护栏、长廊、山墙等元素勾勒出了民族风格餐厅设计。（　）
9. 竹器、银饰、织锦点缀一般出现在轻奢风格中。（　）
10. 台面装饰手法通常有：花卉装饰法，蔬果雕花法，餐巾拉花法。（　）

三、思考题

1. 请简述湘菜意境美的特点。
2. 湘菜意境美的作用有哪些？
3. 湘菜饮食环境美的风格有哪些？
4. 体现湘菜餐桌装饰之美的方法有哪些？
5. 湘菜菜品意境美的风格有哪些？

第八章 湘菜与宴席美

中国的宴席，就其进餐特色，无论何种规格和形式都自始至终充满着丰富的美学内容和美学规律。同时又是多种美学审美的综合体，无论从理论上还是实际情况上讲，都离不开美学。

湘菜宴席之美在于庄重、大气、协调和完整，大到餐厅里的字画意境、瓷器寓意，小到餐具的尺寸纹饰、配色摆盘，甚至是宴席流程、堂倌解说、上菜礼仪、背景音乐等，皆大气有内涵。湘菜宴席用膳时讲究趣味与气氛的和谐与融洽，在不经意间体现湖湘饮食的“色美、味美、器美、趣味美”。

第一节 湖湘宴席概述

宴席，也称为筵席、宴会或酒席，是多人围坐聚餐、聊欢共乐的一种饮膳方式，是按一定规格和程序编排起来，档次较高的一整套饮食活动，是人们进行交往、庆祝、纪念、游乐等社交活动的一种礼仪。宴席的品类繁多、款式万千。其一，宴席是有计划、按比例的菜点艺术组合，有内部的结构规律可以探寻；其二，宴席应当遵循一些基本原则，注重美食和美境、美趣的关系，食礼的色彩相当浓郁。在湖南的历史上，湖湘地域范围内数千年来一直有一桌好饭，呈现在湖南人面前，蕴藏在湖湘文化中。

一、湖湘宴席的定义

宴席，是指人们为着某种社交目的的需要，以一定规格的菜品、酒水和礼仪程序来款待客人的聚餐方式。它既是菜品的组合艺术，又是礼仪的表现形式，还是人们进行社交活动的工具。宴席是具有一定规格质量的一整套菜点，是菜品的艺术组合。无论哪类宴席，都是有酒有菜，有饭有点，有水果还有饮料。宴席中的菜品干稀、冷热、荤素、咸甜兼备，显得丰盛、充实而又精美。从表面看，宴席是人们精心编排与制作的一整套菜点，但宴席中的这套菜点还与聚餐目的、办宴规格以及待客的礼仪程序有着内在的联系。人们使用“宴席”一词，既强调了宴席是由丰盛的菜品所构成，又兼顾宴会的规格化和礼仪。

二、湖湘宴席特征

1974年，长沙马王堆西汉古墓中出土了一批随葬动物的骨骼和一套竹简菜谱，以及许多烹调器皿，其中作为食物的动物有马、牛、羊、猪、狗、兔、鸡、雁、雀、鹤等，植物有稻、麦、豆、瓜、笋、藕、芋、芹、果等；烹饪的方法已经有蒸、煎、炒、煨、烧、炸、腊等十多种。今天湘菜的一些传统烹饪方法，大都从此继承发展而来。

1999年5月，考古工作者又在沅陵县虎溪山发掘汉墓数座，其一号墓主人为长沙王吴臣之子吴阳，汉初所封的沅陵侯。墓中出土竹简千余枚，其中300多枚专记饮食，命名为《美食方》，人称"湘菜第一食谱"。《美食方》记载的佳肴美食多达近百种，仅羹品就有30余种，如牛白羹、鸡白羹、鹿肉芋白羹等，使用的烹饪方法已有十多种，有些已带有鲜明的湖湘特色了。

特殊的资源和气候环境，使得湖南人普遍养成了有助于发汗、祛湿的嗜辣、重酸食俗，决定了湘菜与众不同的风格的形成，并以酸辣、鲜香、脆嫩、油重、色正、主味突出、浓淡分明、口味适中的独特风味而久负盛名。湘菜主要包括三大流派。

湘江流域流派，以长沙、衡阳、湘潭为中心，长沙为代表。这一区域的宴席制作精细，用料广泛，品味繁多，其特点是油重色浓，讲求实惠。在口味上注重酸辣、鲜香、软嫩。在制法上以煨、炖、腊、蒸、炒诸法见长。煨、炖讲究微火烹调，煨则味透汁浓，炖则汤清如镜；腊味制法包括烟熏、卤制、叉烧，著名的湖南腊肉系烟熏制品，既可作冷盘，又可热炒，或用优质原汤蒸；炒则突出鲜、嫩、香、辣，市井皆知。代表菜品有："腊味合蒸""海参盆蒸""走油豆豉扣肉""麻辣仔鸡"等。

湘西山区流派，以张家界、怀化等地为中心，这一区域擅长制作山珍野味、烟熏腊肉和各种腌肉，口味侧重咸香酸辣，常以柴炭作燃料，富有浓郁的乡土风味。湘西的腊肉最香，民间流传有"三年腊肉好待客"的说法。土家族的酸鱼、酸辣凤翅等，更是让人爱不释口。当地有言："三天不吃酸，走路打蹿蹿。"不仅生动描述了湘西山区人的饮食习惯，也形象地刻画湘西流派湘菜的个性特色——重视辣味，但又以酸辅之，酸中带辣，辣中透酸。代表菜品有"红烧寒菌""板栗烧菜心""湘西酸肉""炒血鸭"等。

洞庭湖区域流派，以常德、益阳、岳阳为中心，这一区域以烹制河鲜、家禽和家畜见长，多用炖、烧、蒸、腊的制法，其特点是芡大油厚，咸辣香软。炖菜常用火锅上桌，民间则用蒸钵置泥炉上炖煮，俗称"蒸钵炉子"。往往是边煮、边吃、边下料，滚热鲜嫩，津津有味，当地有"不愿进朝当驸马，只要蒸钵子咕咕噶"的民谣，充分说明炖菜广为人民喜爱。代表菜品有"洞庭金龟""蝴蝶飘海""冰糖湘莲"等，都是有口皆碑的洞庭湖区名肴。

饮食是一种文化现象。作为湖湘人民千百年来经济与文化生活的结晶，湘菜体现出一种独具地方特点的文化色彩。历代文化名人的辛勤培育，众多名厨大师的精心制作，使得湘菜的发展成为一种独具一格的艺术。奇巧多变的刀工，精妙无比的调味，精致典雅的餐具，高雅别致的命名，无不体现出湘菜艺术之所在。

第二节　湖湘宴席菜肴的美化

在以菜肴体系为审美对象的学术研究中，人们习惯上有鲁菜颇具“雄壮之美”的认同，川菜的质朴之美、粤菜的华丽之美、苏菜的秀丽之美似乎也成为学界的共识。至于湘菜，由于先后受荆楚文化、湖湘文化、稻作文化、辣椒文化的多重影响，湖湘宴席菜肴从传统的审美概括为技艺与器具之美、菜肴搭配之美、口感之美三个方面。

一、技艺与器具之美

较之粤菜的华丽之美和苏菜的秀丽之美，湘菜似乎在长江上游川菜质朴之美的基础上更多融合了粤菜和苏菜的部分美学风格，因而更具备绚丽之美。湘菜的绚丽之美颇具灿烂华丽的风格，却又不失秀美隽永的优雅情怀。

首先，体现在湘菜的烹制技艺上。蒸菜是湘菜富有代表性的一大菜肴种类，一个简单的蒸法，可以蒸出一个绚丽多彩的美食世界。以单个菜品举例，湘西的“腊味合蒸”颇具代表意义，1种腊味食材实在单调乏味，但把5种、6种甚至8种或10种腊味制品一起蒸，虽然蒸法没变，但多种腊味食材组合在一起，菜肴由单调变得复杂，给人以绚丽多彩之感。湘菜的蒸菜宴席也是如此风格。一桌宴席一种烹调方法，似乎过于单一。但运用水陆杂陈、畜禽果蔬等不同食材的合理搭配，可使宴席丰富多变。或许湘菜的妙便在于此。

其次，体现在湖湘的餐具饮具上。长沙有一间以20世纪六七十年代的老长沙为主题背景打造的主题文化酒店。20世纪中叶是我国经济相对落后的年代，菜肴食品口味清淡少油，这恰恰迎合了时下人们对清淡健康饮食的需求。经营者把这样的一些食味平淡的菜肴，分别运用方的或圆的、平盘或深盘、粗瓷碗或搪瓷杯等与那个年代生活水平相符合的餐具展示出来，把一个乏善可陈的年代饮食表现得多姿多彩，趣味横生，这种外表上的质朴无华却是一种绚丽多彩之美的展现。

二、菜肴搭配之美

如果说“技艺与器具之美”，是从人的视觉审美层面界定的话，那么“菜肴搭配之美”则更多倾向于食材搭配、食味调和等技术层面的审美。湖湘之人的性情灵动敏锐，善于将表面看似简单的事物，通过一定的技术手法，将其变得丰富多彩。以湘菜而言，湖湘厨师把“菜肴搭配之美”运用得淋漓尽致。首先，在湘菜中，以“三”命名的菜品非常多。表现在食材搭配方面，就是在一个菜式中善于运用三种以上的食材进行搭配，呈现变化多样的审美特征。如“酸辣鸡三件”“醋焖鸡三件”“三丝鱼肚”“三色甜烩”“三鲜鱼脆”“三鲜蛋卷”“三菇乳鸽盅”“三鲜玉米羹”“三鲜凤羹”“醋熘三丝”“滑熘地三鲜”“三鲜烩鳝羹”“三圆八宝乳鸽”“软酥三鸽”“虫草三霸”等，都是典型的代表。有时因为一个菜肴运用一种主料显得单调，于是厨师就把三种或三种以上的主料搭配起来合成一个菜肴；也有的是一种主料配合三种辅助性的食材，以斑斓多彩彰显主料的地位，如“三丝鱼肚”等。

把一种食材烹调成多种味道，也是繁复多变风格的体现，湘菜中这种案例也有很多，如《湘菜谱》中就有“洞庭三味鱼”“桃园鸡三味”“奶汤海三味”“三味鱼线”等，都是一种原料多种味道的烹调方法。《湘菜谱》以“五圆”命名的菜肴也有不少，如“原蒸五圆牛肉”“潇湘五圆龟”“五圆全鸡”“五圆蒸鸭块”“五圆蒸鸽”“五圆龟梨膏”等。“五圆”是由桂圆、荔枝、大枣、莲子、枸杞五种具有滋补功能的食材组成，这些食材既有配料的效果，也有调味的作用，是赋予菜肴“搭配之美”典型的表现手法。

三、口感之美

无论酸味还是辣味，抑或明代之前的辛香味，皆属于浓烈重口味型。湖湘地区的人们经过了无数代践行者的经验总结，选择以浓重的发酵之酸融合浓烈的辛香之辣，间或添加一些苦的味道，达到了以浓重冲撞浓烈的味觉审美效果，而形成了一种中和之美的美学风格，达到了一种神奇的中和平衡，使人不觉其浓烈偏颇。“酸汤鱼”等菜肴就是最好的代表。中和之美的本质在于虽然富有强烈的味觉冲击，但又不会完全掩盖人们对其他美味的体验。《烹调原理》中提到：“辣椒还有个特点是盖味而不变味，何谓盖味而不变味？譬如菜中辣椒放得太多了，当然全菜都成辣味，把原有的其他味道都一齐掩盖不存，不过辣椒虽把别的味盖着了，却不消灭改变那些味，你如味觉敏锐，细细体会，还可尝得出那些味，这就如一个交响乐团，打起大鼓来，自是鼓声掩盖一切，但知音的，照样可以听得出来小提琴的声音和旋律，就是音色也全不变，而辣椒的情形正是如此，所以说是盖味而不变味。”同理，湘菜虽然具有强烈的味觉冲击力，但并不影响对菜肴中其他美味的品味与体验。

第三节 湖湘宴席内容的组合设计

5000年前，炎帝和祝融在湖湘地区点燃了制作食物的第一把火，带着我们的祖先从“民食果瓜、蚌蛤，腥臊恶臭而伤腹胃”的生食时代走进了熟食时代，彼时还没有家常菜和开小灶，人们以部落为依靠，有专职负责生活的人掌握了烹饪和调味，让原本腥膻的食物变得有滋有味起来，这便是最早的宴席。

湘菜的宴席已有几千年的历史，在宴饮习俗、内容、组合、形式和寓意表达上都形成了自己的特色。

一、湘菜宴席的食俗美

传统节令食俗，流行于全省各民族。而湖湘宴席食俗也秉持其淳朴厚重的精神，勇敢尚武，经世致用，自强不息，诠释着当地饮食内涵、社会风貌、乡土人情等特点，值得一探究竟。

湘菜宴席在形式上不加很重的修饰，以求完整地保存原料的自然形态，但各菜各点都有食俗寓意：一条鱼象征连年有“余”，若是桂花鱼还有“富贵”的意思。以鸡代凤，以鹿寓“禄”，以羊为“祥”，龟鹤则象征长寿。夏历除夕日，合家团圆聚餐，称“团年饭”。吃团年饭人要齐，菜要丰盛，饭要多，有剩余。吃饭前放鞭炮、祭祖，然后合家进食，气氛要和睦欢乐，时间要吃得长久。但各地风俗又有不同。郴州人在团年饭上喜吃酸萝卜炒猪肝肠，象征“常吃长有”和“为人有肝肠”；洪江一带兴吃米粉，上盖鱼、肉、鸡、鸭、蹄花、生姜等各两块，寓“好事成双”；辰溪一带一定要有青菜豆腐，以示为人清白。有的人家还有一道四季葱拌豆腐，表示“四季清洁”。除夕食俗，守岁时，要吃猪脚炖萝卜，加入红枣及煮整鸡蛋，称猪脚为抓钱爪，鸡蛋为元宝，红枣喻红盛，萝卜为顺气，近年改吃鸡爪，也称“抓钱手”。土家族的过年食俗即吃合，也称“团年菜”，相传明嘉靖年间，土司奉旨出兵抗倭，为不误军机，士兵煮合菜提前一天过年，将萝卜、豆腐、白菜、火葱、猪肉、红辣椒条等合成一鼎锅熬煮，即为“合菜”。除味道佳美，还别有深意，它象征五谷丰登、合家团聚，又反映土家族人不忘祖先的光荣传统。

二、湘菜宴席的内容美

湘菜从其起源、演变、发展到当代宴席所展示的烹饪技术则是整体的全面的，湘菜宴席的组合，不仅是菜的色、香、味、形的组合，通常宴席包括菜肴（冷碟、热菜、大菜、随菜）及点心饭面、粥、果品（时鲜果盘）、酒水饮料（茶、红酒、白酒、啤酒、果汁饮料)。“大菜”也称“正菜”或“主菜”，分为头菜、热炒、甜菜、汤羹。“随菜”主要是送饭菜，一般以家常小炒为多。由于宴席规格、档次不同，在菜式的设计上差别很大，从普通宴席、中档宴席到高档宴席，在用料上、烹制上、餐具上、摆台上、服务程序上都有区别。

湘菜宴席在用料上选用不同质地的各种原料、包括鸡、鸭、鱼，猪肉、牛肉、海鲜、河鲜，瓜蔬，每道菜只采用一种主原料，按不同于各自原料的本色或没有色的原料通过烹调加热后，产生丰富多彩的色泽，而使整个席面、菜色、风味和谐，令客人感到菜形的丰富多样化，赏心悦目。湘菜有数千个品种，烹饪原料也是十分广博，畜、鸟、兽、鳖、虾、蟹、蛋奶菌藻、瓜果蔬菜、本草花卉、稻麦杂粮、昆虫野菜，皆可入馔。湘菜对各种原料都能善于利用，善于发现，善于创新，善于吸收，善于消化。由于湖南各地地貌不同，本土特产不尽相同，各地区都能善用本地的原料作烹调原料。如岳阳、洞庭湖区水产鱼虾龟鳖，驰名的“洞庭野鸭”“潇湘五圆龟”“原汁武陵甲鱼”“红煨甲鱼裙衣”“豆瓣酱烧肥鱼”“白汁鳜鱼”等名菜都出自洞庭湖区。益阳的竹笋菜如“麻辣冬笋尖”“腐卤薄片冬笋”“冬笋腊肉”等都是湘菜宴席上的必点佳肴。

湘菜宴席注重“味”，味是其精髓、根本所在。湖南地区多潮湿、气温偏热而雨水偏多，盛产辣椒、大蒜、生姜等辛辣食物。湖南人历来喜食辣椒，善用辣椒。用辣椒制成不同吃法难以胜数，将不同特点的辣椒加入各地特产原料中，烹制成一道道湘情浓郁的湘菜，令人大快朵颐。湘菜调味技术手段多样，善于利用烹饪前的调味，烹饪中的调味，烹饪后的调味。还可以利用刀工切割大小、厚薄一致，使味渗透、覆盖一致而达到调味均匀；用汤汁调味，使无味的原料入味与汤汁融合产生鲜味；用主料、辅料、调味料三者结合产生新的和谐特殊的复合味道；用刀、火、料等技巧结合使滋味隽永、回味无穷。总之，湘菜在调味的技艺中注重“有味使之出，无味使之入”，从而达到最佳调味效果的目的。

湘菜宴席的调味十分注重变化，调味料有几十种之多，在烹制时按不同的菜肴质量要求，调味前进行适当的组合调制，讲究“相物而施”。对各种调味料的清浓、稀稠、多少、新陈，加以严格选用和区分，以产生不同的味型，达到主味突出、咸鲜其中、回味无穷。即使是一个“辣”味，由于采用不同的辣品调味，如干辣椒、辣椒粉、辣椒油、鲜辣椒、指天椒、黄蜂辣椒等，便能呈现出不同类型辣味，有轻微带辣，有香鲜见辣，有酸辣鲜浓，有刺激浓辣，湘菜宴席就是这样通过不同配料的巧妙组合，产生了千变万化的浓郁湘味。

湖南地区的宴席食谱，是由民间食谱、宗庙祭祀菜和官绅家的菜肴综合而成。城乡习俗，有钱人家办海参席或蛏干席，中等人家办鱼肉饭，每桌10道菜，头道菜用笋干、粉丝、黄花菜、肉丝、肉丸掺和成“杂烩”。贵族宴席更为丰盛，第一道菜为冷菜，由几种卤菜拼凑成一大盘的叫“拼盘”，分成四碟的叫“四冷碟”。宾主坐定后，第一道菜为海参或鱼肚，分别以海参席、鱼肚席命名。依次可选用龟羊汤、清蒸甲鱼、面包鸭、牛百叶、牛肉、黄鳝、肚片、整鸡、乳鸽、甜菜等，一共四冷碟、四热碟、八大菜、四色点心、四随菜等。

三、湘菜宴席的组合美

湘菜宴席菜品组合向来是讲究“配合”，量的配合、质的配合、色的配合、味的配合、形的配合，加上装盘的配合。讲究清者配清，浓者配浓，柔者配柔，刚者配刚，而成为一道道美馔佳肴，使人产生强烈的食欲，达到满足口福、养生健身的目的。

湘菜配合方法上主要有荤素配合，从湘菜谱上可以看出，除少数菜为全荤和全素菜外，几乎所有的菜肴都由荤素搭配而成。湘菜几千年的技艺积淀，各种菜肴都力求以最佳配合而达到最佳口感效果。口感、色泽、形态相映衬托，同时讲究对各种烹调原料的合理结合和营养平衡，通过烹制而产生一道道色、香、味、形、营养俱佳的湘菜品。

以衡阳乡村宴席为例，其最大特色为丰盛，每道菜均以“海底碗”（也称“陆碗”）盛装，满满的且堆得很高。第一道菜就是“玉麟香腰”，俗称“土头碗”或“大合”。这道菜，犹如古代军队出征的先锋，既能体现主家宴席的档次，又能展示厨师的手艺，在宴席里有不可动摇的地位。相传衡东土头碗在唐朝就初具雏形。唐时著名书法家、草书狂人、出家和尚怀素，在南岳衡山七十二峰之一的晓霞峰（今衡东新塘镇晓霞峰）修行。怀素和尚性情疏放，痴爱狂草，喜欢吃肉喝酒，好结交名士。晓霞峰文昌塔修成之时，他宴请诗书好友、名流志士。依照自己的理解，他请当地名厨对当时民间宴请客人最为隆重的一道菜式进行改造，以红枣打底，由衡阳地方小吃黄雀肉、锅烧丸子和虎皮蛋等层层叠堆合蒸而成，酥软香醇、风味独特。从下至上共七层，寓意步步高升，功德弘远之意。此后，“七层楼”风行于衡洲、潭州、攸州等城区乡野，而各地依本土习俗，又有“五层楼”“九层楼”“全家福”版本流传。历经宋元明清各代演绎改造，至清乾隆年间定型。除了土头碗，在衡阳宴席中，其他菜品也颇有讲究。第二道菜大杂烩，也称汤头碗、全家福。由墨鱼、肚片、玉兰片、鱼丸、鲜菇、蛋片等烩制而成。根据不同厨师或地方习俗，土头碗、汤头碗的上菜顺序也常常互换（如遇白喜事内配白豆腐片，俗称“豆腐宴”或“豆腐饭”）。第三、四道菜为海蛋或其他烧菜，多为烧水鱼、海鲜之类。第五道菜为假羊肉，现多为舌片之类。第六道菜是“大礼”，也称“砣肉”或“棋子肉”，即煨肉，但城区及周边乡镇则多为“橘皮扣肉”，其中夹香芋即为香芋扣肉，或放盐菜做盐菜扣肉。第七道菜为三圆全鸡或五圆全鸡。第八道菜为炒菜，旧时期多为炒烟笋，现在多炒牛肚、牛肉。第九道菜为全鱼，旧时多用全草鱼，腌制之后，炸酥调酱汤蒸制后盖码而成。最后一道菜为紫菜鱼圆汤，这十道菜品俗称为“十甲碗”。其中，第二、六、七、九、十道菜品是定格的，如在城区，白喜事第五道菜为白豆腐，也为定格，若头碗前多个卤拼，后面也会加个青菜点心等。

另一颇具宴席组合美的湘菜宴席即南岳素食斋席。南岳的斋席，通常有一品香、二度梅（霉）、三鲜汤、四季青、五灯（炖）会、六子连、七层楼、八大碗、九如意、十样景之说。

一品香即单盘素菜。二度梅即霉豆与腐乳。三鲜汤按时令以三样鲜菜作汤。四季青即四种不同青菜。五灯会即五种炖品。六子连通常指烧茄子、炒笋子、炖菌子、油辣子、豆干子、藕丸子。七层楼即假肉、丸子、馒头、子面筋、菜心、玉兰片、香菇七样叠放而成，犹如荤菜中的全家福或狮子头。八大碗用八样素菜仿荤席办成酒席。九如意即便餐，按时令不同、客人多寡配菜，能使客人吃得满意即可，所以又叫如意餐。十样景大体有两种：一种是十景素烩，称小十样景，即由玉兰片、红萝卜、白萝卜、百合、白菜心、冬菇、荸荠、马铃薯、豆笋皮、子面筋等烩焖而成。其中玉兰片、红白萝卜、荸荠、马铃薯还要雕成各种花形，非常美观。此外，另一种则是十样大菜办成的酒席，称十样景。十样景通常指海生植物食品，也有全仿荤席办成十大碗的，十样景用料多样，制作精细，酸甜软脆俱全，水陆素食皆有，食此即可领略斋席的全部风味。

四、湘菜宴席的形式美

湖湘宴席自古受气候和地理环境的影响，形成了与其他地区不同的宴席形式特点，从《楚辞·招魂》中“稻粢穱麦，挐黄粱些。大苦咸酸，辛甘行些。肥牛之腱，臑若芳些……”可以看到，当时湖南一带食物来源主要有种植物大米、小米、黄粱及野生水禽类如野鸭、大雁、天鹅，以及甲鱼、乌龟等。《楚辞释》中云：“大苦，豉也。”指2000多年来湖南民间调味品豆豉；至今浏阳出产的豆豉仍闻名全国。长沙马王堆西汉墓出土的竹简《食单》中对当时的饮食有详细的记载。《食单》中有精美菜品近100种，其中内羹一项就有5大类24种，另还有72种食物，如鱼肤、牛腰、濯鸡等。

湘菜烹调技法多样，宴席中常用的烹调技艺主要有烧、烤、焖、煎、煮、蒸、炖、醋烹、卤、酱10种，形成了酸、苦、咸、甜诸味，其中酸、苦很具地方特色，《随园食单》中记载酢菜和酸羹10种。尤重煨焯，形成了一套完整的烹调技法，尤其长于调味，口味注重酸辣，善于隐恶、扬善、创新。湘菜宴席在形式上对菜肴不加很重的修饰，以求完整地保存原料的自然形态，湘菜宴席的菜单按生日、婚丧、升迁等事分类。辣味菜也成为湘菜富有特色的部分，湘菜中的辣味有很多讲究，分为酸辣、麻辣、糊辣、油辣、香辣、脆辣、鲜辣、苦辣几种，其中与川菜不同之处，就是湘菜辣味菜忌糖。在湘菜样式上，辣椒还作为点缀材料，如名菜“麻辣仔鸡”就有红椒与青蒜装饰，使人见之思食。但现在湘菜宴席一般只有两道辣味菜，当然湖南家常菜仍以辣为主。

湘菜历来十分注重刀工，刀工是司厨者入门的基本功之一。“刀之为要”是说刀功为烹饪技术中重要的一环，《论语》中“割不正不食”“脍不厌细”，说的就是刀工的重要性。湘菜在制作中，对不同原料、不同的菜肴品种、不同烹制方法采用不同的刀法与刀工以使菜肴产生不同形状特点，随料而变，随菜而变，随宴而变。

湘菜的刀工十分精细，其基本刀法20余种，具体运用中还有变化，从而使湘菜的外形呈现出千姿百态的风韵。如“发丝牛百叶”切出的牛百叶，细如银丝，均匀一致，使人叹为观止；“菊花鱿鱼”如朵朵菊花绽放，美不胜收，巧夺天工；“红煨八宝鸡”将整鸡剥皮不带骨，盛水不漏，不但造型完整，而且肉质鲜嫩酥润，吃时满口生香。它们不但是湘菜中的精品，也是一件件精美的艺术品。

五、湘菜宴席的寓意美

宴席本就是宴请贵宾、亲友的盛大酒席，是人们表达感情、庆祝节日、联络关系等的家庭或社交活动。湘菜宴席在传统文化和现代文明的熏陶下，宴席文化内容越加丰富。

在汉寿、南县、安乡、沅江、常德、澧县、津市等地，凡贵客到来，主人便杀鸡一只，将鸡头剖成上、下颚两半，雅称“凤头”；鸡翅的前翅俗称“小转弯”；后翅俗称“大转弯”；鸡爪雅称“抓钱手”。入席后，主人先将鸡头敬客，祝愿独占鳌头，客人若拒吃便为失礼；酒过三巡，主人再敬以鸡翅，以示运转自如，左右逢源；酒至最后一巡，主人便敬鸡爪，祝福客人善于理财，财源茂盛。若来了三个客人，主人则按等级或辈分或年龄大小依顺序敬以其中一份，等级、辈分、年龄最高者吃鸡头，其次吃鸡翅，再次吃鸡爪。若来两个客人，也按等级或辈分或年龄排列，一个吃鸡头、鸡爪，另一人吃鸡翅。若来四个以上客人，主人则择其中最尊贵者敬以鸡头，其他则不敬。此俗至今盛行。

湘菜宴席中有一道家喻户晓的头菜，名叫全家福。据传在公元前200多年，秦始皇大举焚书坑儒。数不清的史书被焚毁，数以百计的儒生被活埋。有几个儒生在被活埋时侥幸没有死去，他们在晚间苏醒过来，偷偷地从坑中爬出，藏在山林中。其中有个叫方财的儒生逃出后，在山林中躲了数日，实在饿得没有办法，便在夜晚悄悄地回到家中，妻儿见了悲喜交加。为了活命，方财不得不含泪再次告别妻儿，流浪他乡。数年之后秦始皇去世，秦二世登基，方财高高兴兴地返回家园。谁知两年前家乡发了一场罕见的洪水，妻子、儿女不知流落何方。方财悲愤交加，感到自己一个人活在世上没有意思，还不如死了的好，于是，跳进了滚滚的河水中。恰巧这时有位渔人路过此处，救起了他。渔夫对他说，“前年发大水时，我救起了一名少年，也姓方，我见他老实诚恳，便收他做了我的女婿”。渔人将方财领到自己家，方财见了渔夫的女婿，一下子就认出他正是到处寻找的亲生儿子，父子俩抱头痛哭了一场。在渔夫的全力帮助下，方财又找到了流落街头的妻子和女儿。为了庆贺他们一家死里逃生，幸福团圆，渔夫特地请来了一位远近闻名的厨师，为方家制作丰盛家宴。厨师煞费苦心地为他们做了一道菜，名曰“全家福”，乡亲们吃后赞不绝口，一传十，十传百，后来传入了宫廷，成为宫廷名菜。“全家福”寓意合家团聚、美满幸福、吉祥如意。

第四节　湖湘名宴赏析

湖湘宴席中有许多是传承了百年的名宴，这些宴席充满着地域特征和人文特色，当然也体现了湘人的美学思想。一场宴席就能让你感受到浓厚的湖湘历史文化底蕴。

一、平江十大碗

平江县地处湘东北，湘鄂赣三省交界处，青山碧水，物产丰盈，其饮食文化沉积颇丰，尤其有许多富有地方乡土气息的特制佳肴美味，如情席十大碗、平江酱干、火焙鱼等，成为平江在外游子们浓浓的“乡愁”，也吸引无数食客前往品尝。

十大碗很有讲究，第一碗是十样锦（图8-1），寓意十全十美，主料是炸肉，配料有瘦猪肉、香菇片、水发云耳、鹌鹑蛋、蛋饺等。每一种配菜，在翻炒之前都要经过不同的处理，每一种食材，都是一份情谊。

第二碗是手撕扣鸡（图8-2），制作时将蒸制后的鸡丝扣入盘中，再勾芡浇汁成菜，象征大吉大利。

图8-1　十样锦

图8-2　手撕扣鸡

第三碗是墨鱼排骨汤（图8-3），寓意“年年有余”，食之鲜美无比。

图8-3 墨鱼排骨汤

第四碗是酱香肘子（图8-4），酱香浓郁，肥而不腻，入口即化，味道鲜美。

第五碗是家常水笋（图8-5），笋子一直是十大碗必不可少的一种食材，因其是一节一节长的，又有节节高升的寓意。

第六碗是酸辣肚条（图8-6），酸酸辣辣，肚条脆嫩，口感极佳。

第七碗是红烧肉丸（图8-7），它最精湛的地方是“蒸”，在肉丸做好以后放在蒸笼里蒸，必须等轮到这道菜上桌时才夹出来摆盘，然后淋上蜜汁，象征着幸福甜蜜。

第八碗是虎皮扣肉（图8-8），处理好的五花肉改刀成大片，上笼蒸制约2小时，吃起来肥而不腻，入口即化，老少皆宜。

图8-4 酱香肘子

图8-5 家常水笋

图8-6 酸辣肚条

图8-7 红烧肉丸

图8-8 虎皮扣肉

第九碗是剁椒扣鱼（图8-9），寓意生活富裕，色泽红亮的剁椒覆盖着白嫩晶莹的鱼肉，吃一口滑嫩无比、鲜香爽辣。

第十碗是三鲜青菜（图8-10），十大碗讲究荤素搭配，最后一碗三鲜青菜，起到促进消化和解腻的作用。

图8-9　剁椒扣鱼

图8-10　三鲜青菜

十大碗中，有炸、炒、煲、蒸等多种技法制作的菜肴，在原料选用上，既有山珍河鲜杂糅，又有南北菜品交融，无不体现湘菜的质朴美和交融美。

十大碗宴席上菜规矩也多，吃一碗上一碗，每吃完一道菜，都要停顿1分钟，让客人们有品尝回味的时间。上第一碗菜后主人要敬酒，上第三碗菜时可把第二碗菜撤走，头碗菜要保留，最后三碗菜不撤，这样有头有尾，保证客人吃到的菜鲜热味美。碗里的内容丰俭由人，每个乡镇略有不同，富贵一些的人家挑用海鲜做头碗菜，彰显自己的待客之道，但十碗菜的数量不能改，这是家家都有能力宴请，人人吃得起的宴席。

早年间，乡下没有酒店，办宴席都是在自家，邀请本地的做菜师傅上门掌勺，乡下家家户户都有柴火大灶，十大碗就是用当地的食材做出的本地菜。所以“十大碗”精髓在于新鲜地道的食材，当地师傅独特粗放的手艺，以及邻里乡亲真诚而热闹的情谊，将十大碗的自然美、技艺美和社会美体现得淋漓尽致。

二、梅山水火席

相传梅山水火席是曾国藩统领的湘军在作战中摸索出来的一套特定的军宴，之所以叫水火席，主要是当年为了适应长期行军打仗的需要，尽量采用一些简单的烹饪方法，要求只要有水有火就可做出饭菜。湘军将士打败太平天国以后，它作为一种饮食文化被解散的湘军将士带回家乡，把它作为婚丧仪式的宴席，在涟源南部（现杨市镇、水洞底、斗笠山、枫坪等地为中心的湘中地区）流传了100多年，直至今日。

既然被称为“席”，自然非常讲究。水火席由两道凉菜：西瓜子、炒骨，以及十道主菜：合菜、旗帜肉、瘦肉汤、猪肝拌黄花、肠子汤、爆炒碎鸡肉、肉圆子、红薯粉丝汤、旗子肉、烧鱼块组成。宴席里少有辣椒，反而是带了点江浙口味的甜味。水火席的每一道菜都有其来历，比如旗帜肉，湘军将士每打下一座城市，都要插上自己的旗帜，所以将猪身上的七层肉做成旗帜模样来庆祝胜利；合菜，寓意湘军团结协作才能取得胜利。水火席上客人们所用的筷子都是被染成了红色的，红色代表喜庆和胜利。以前水火席开席每桌都要有“把酒师”，专门负责把每桌的客人的酒招呼好，这也是古时军队里的做法。

头盘菜：炒骨（图8-11）。做这道菜猪排骨一定要捣得够碎然后走油，用油把骨和肉炸枯，吃起来又香又脆，骨头渣也是糟的，略带甜味。捣碎猪排骨，比喻湘军将士要勇挑重担，要有啃硬骨头的精神，保境安民。

第一道菜：合菜（图8-12）。用木耳、笋丝、黄花菜、粉丝等加少许辣椒粉制成。味道鲜美，质感脆爽。此菜暗指湘军将士要团结，相互交织形成合力，因为团结才是制胜的关键。

第二道菜：旗帜肉（图8-13）。水火席中的旗帜肉与湖南有名的红烧肉不同，没有上很重的糖色，看起来呈透明状。选用上好的五花肉，切成平行四边形，像当年湘军的旗帜。所选的肉有七层，烧制后成菜软烂，吃到嘴里口感甜糯，肥而不腻。

第三道菜：瘦肉汤（图8-14）。当地散养一年及以上的土猪宰杀后选精瘦肉，清煮后色白、汤清，寓意做人要清白。

第四道菜：猪肝拌黄花（图8-15）。此菜以黄花垫底，上铺一层猪肝薄片，猪肝和黄花在旧时，都是稀贵之物，寓意人丁宝贵，人才至上。

第五道菜：肠子汤（图8-16），这是水火席里最有特色的一道菜，制作时选用洗净的

图8-11　炒骨

图8-12　合菜

图8-13　旗帜肉

图8-14　瘦肉汤

图8-15　猪肝拌黄花

图8-16　肠子汤

猪大肠并切碎，用红油豆瓣、剁辣椒、辣椒粉和坛子水炒制后煮制而成，食之酸辣鲜烫，猪肠爽脆，能够起到祛寒祛湿的作用。

第六道菜：爆炒碎鸡肉（图8-17）。将鸡肉剁碎与木耳合炒，寓意吉祥如意。

第七道菜：肉圆子（图8-18）。猛一看还以为是常见的珍珠丸子，但里面是软弹的，这是用一种特别加工的“米粉”和肉泥拌到一起再裹上一层浸泡好的糯米蒸制而成的菜肴。

第八道菜：红薯粉丝汤（图8-19）。娄底、邵阳等地把红薯粉称为“南粉”，“南”又和“难”相通，寓意凡事不畏艰难，要敢于和困难斗争，化难为易。

第九道菜：旗子肉（图8-20）。下饭菜，和前面的旗帜肉不同的是，此菜在制作时不加糖，而是加辣椒，食之香辣可口。

第十道菜：烧鱼块（图8-21）。象征年年有余。

三、土家族牛头宴

牛头宴又名土司宴（图8-22），在古代是送迎将士出征和凯旋的犒赏，现在逐渐演变成了土家族接待贵宾的盛大礼仪宴会。相传，唐代末年，江西彭氏土司征服了五溪诸蛮以后，建都城于永顺县会溪坪。第十一代土司彭福石于公元1135年移都城于老司城。为了

图8-17 爆炒碎鸡肉

图8-18 肉圆子

图8-19 红薯粉丝汤

图8-20 旗子肉

图8-21 烧鱼块

图8-22 牛头宴

鼓舞士气，增强军民信心和斗志，在一次军队作战凯旋回城时，彭福石特命令城中军民杀黄牛犒劳将士。宴席上，土司王命人支起100口大锅，熬牛头以鼓舞士气，希望以后每次作战都能够牛气冲天，大败敌人。土家士兵吃了这“牛头宴”后，果然士气大增，以后每逢作战都能够奇迹般地获得胜利。

1930年《永顺县志》卷二十四记载：“宣慰签天祭以白牛，牛首置几上，银付之。下令曰，有敢死冲锋者，收此银，吃此牛首。勇者报名，汇而收之，更盟誓而食之。”老司城遗址考古过程中，发现动物骨骼近42000件，其中牛的骨骼占哺乳动物的一半，达13000余件，且黄牛骨骼数量多于水牛。考古发掘印证了土司时期永顺士兵被朝廷征调甚多，为了鼓舞士气，每每出征之前必宰杀牛无数，士兵勇士以吃牛首为豪，在战场上也不负众望，奋勇杀敌。据说，永顺土司彭翼南为了战胜倭寇，出征前在老司城、王村、田家洞等地曾宰杀公牛无数，以牛头宴鼓舞士兵杀敌，最终大获全胜，被《明史》誉为“东南战功第一”。“牛头宴”承载了太多土家先民的荣耀和希望。1728年，为削弱土司权利，清朝实施“改土归流”，“牛头宴”也随之逐渐失传。2007年，永顺县组织有关人员挖掘，经过反复的试制，才终于成功。2008年9月，在芙蓉镇首届土家族毛古斯文化节举行时隆重推出，广受欢迎。

牛头宴的主菜——牛头的具体做法是，将整只牛头蒸熟后连大铁锅一起端上席，配以泡红辣椒、酸肉、蒿子粑、腊肉，客人们用刀子切割牛头上的牛肉食用，大快朵颐，喝竹筒米酒，体验土司时期士兵出征前满怀豪情准备英勇杀敌的感觉。牛头上每个部位的肉质对于火候的要求都不同，比如在受热相同的情况下，牛脸和牛眼的熟嫩程度就不一样。牛头宴的做法需要挑选数十种辅料，才会使牛头上的每一块肉都那么鲜嫩湿润，令人唇齿留香。

牛头宴是湘西土家族性格的象征，也是湘西地区湘菜美学的独特体现，这种奔放美，也体现了湘人勇毅的精神。

四、湖南传统家宴

湖南传统家宴主要以湘菜传统名菜为主，家宴作为招待宾客的最高礼遇，所用原料既要有特色物产也要有名贵原料，同时需要有精湛的技艺加持，以示对宾客的尊敬。湖南家宴源远流长，湖湘饮馔风物久远，荟萃古城民间大菜，铺陈市井烟火小品，让人回味无穷。

现在来看湖南传统家宴既保留了传统菜的精华，又融合了当代的营养学、美学等思想，传承而不守旧，体现了湘菜的包容之美。

（一）凉菜（六道）

传统家宴中凉菜一般是六道，种类不固定，但一般以香酥火焙鱼（图8-23）、溏心皮蛋（图8-24）、五香卤牛肉（图8-25）、紫苏梅子桃（图8-26）、老坛酸泡菜（图8-27）、爽口小青瓜（图8-28）居多。

图8-23　香酥火焙鱼

图8-24　溏心皮蛋

图8-25　五香卤牛肉

图8-26　紫苏梅子桃

图8-27　老坛酸泡菜

图8-28　爽口小青瓜

（二）热菜（十道）

第一道：酸辣海参（图8-29）。在湘菜中，海参入菜已有千年历史，为海八珍之首。湖南人惯吃酸辣，故用酸辣椒入味，形成了本地人爱吃的美食。

第二道：位盅水鱼（图8-30）。选用湖南名优食材汉寿水鱼，体薄片大，裙边宽而厚，利用高汤煨制再隔水蒸制，成菜细嫩鲜美，汤浓味美。

图8-29 酸辣海参

图8-30 位盅水鱼

第三道：网油酥方（图8-31）。这是一道考核厨师技艺的传统湘菜，制作时将豆皮和猪网油这样普通的食材经烤制加工而成。食之焦脆爽口，鲜香四溢。

第四道：全家福（图8-32）。主要有炸肉丸、蛋卷、水发墨鱼、猪皮、水发香菇、汆肉丸等十种原料制成，成菜汤鲜味美，是湖南家宴中不可或缺的菜品。

图8-31 网油酥方

图8-32 全家福

第五道：东安仔鸡（图8-33）。东安仔鸡是湖南一道流传上千年的菜肴，此菜造型美观，色泽鲜艳，营养丰富，具有香、甜、酸、辣、脆、嫩六大特点，令人闻之生津，食之不厌，故湖湘各地酒家菜馆纷纷效法烹制此菜以应市，并逐步流传到其他地区。东安仔鸡以其独具一格的风味享有盛名，成为湘菜的风味当家菜目之一。

第六道：子龙脱袍（图8-34）。鳝鱼脱皮去骨加以滑炒的烹饪技巧，突出鳝鱼的滑、脆、嫩。因恰似古代武将脱下战袍，因此得名。

图8-33　东安仔鸡

图8-34　子龙脱袍

第七道：汤泡肚尖（图8-35）。"麻辣仔鸡汤泡肚，使人常忆玉楼东"。作为地方传统湘菜，汤泡肚尖成菜汤清醇香，肚尖脆嫩，是名副其实的湘菜名菜。

第八道：松鼠鳜鱼（图8-36）。洞庭湖出产鳜鱼，湘菜厨师就运用精巧的刀工将鳜鱼改刀，拍粉炸制后形似松鼠，再佐以糖醋汁，成菜造型美观，风味独特。

图8-35　汤泡肚尖

图8-36　松鼠鳜鱼

第九道：油淋辣椒（图8-37）。此菜在制作时挑选湖南本地优质青辣椒，同时用最简单的调料保留最原始的味道，以凸显湘菜的本味美。

第十道：香菇菜心（图8-38）。以香菇和菜心作为主要食材，经过简单的烹饪，味道清鲜可口，可以有效解除油腻。

图8-37 油淋辣椒

图8-38 香菇菜心

（三）点心（两道）

第一道：干煎果饭（图8-39）。此菜以八宝果饭为基础，选用优质的糯米，糯米不能蒸得太烂，配料一定要趁热拌制，趁热复蒸到位，之后在锅中煎制即可。

第二道：红糖发糕（图8-40）。以糯米蒸煮制成，其味清香，是一种大众化的米糕类食物。

图8-39 干煎果饭

图8-40 红糖发糕

课后练习题

一、单选题

1. 湖湘宴席菜肴从传统的审美概括为技艺与器具之美、菜肴搭配之美和（　　）之美三个方面。

   A. 色彩　　B. 造型　　C. 营养　　D. 口感

2. 湘菜名菜“全家福”一般不会使用到以下哪种原料。（　　）

   A. 鹌鹑蛋　　B. 蛋卷　　C. 鱼丸　　D. 肉丸

3. “全家福”寓意阖家团聚、美满幸福、吉祥如意，体现了湘菜宴席菜的（　　）。

   A. 寓意美　　B. 内容美　　C. 形式美　　D. 组合美

二、判断题

1. 宴席，又称筵席、宴会或酒席。（　　）
2. “菜肴搭配之美”则更多倾向于食材搭配、食味调和等技术层面的审美。（　　）
3. 湘菜宴席在形式上不加很重的修饰，以求完整地保存原料的自然形态，但各菜各点都有食俗寓意：一条鱼象征连年有“余”，如鳜花鱼还有“富贵”的意思。（　　）
4. 湘菜宴席菜品组合向来是讲究“配合”，包括量的配合，质的配合，色的配合，味的配合，形的配合，但不包括装盘的配合。（　　）

三、思考题

1. 湘菜的宴席美包括哪几个方面？
2. 谈一谈你对湘菜宴席美的理解和认识。

参考文献

［1］ 刘魁立，张旭，唐家路，等. 中国民俗文化丛书：饮食器用［M］. 北京：中国社会出版社，2010.

［2］ 史珞. 湖湘饮食文化对餐具设计的影响［D］. 长沙：湖南大学，2010.

［3］ 蒋雯. 试论湖南商周青铜器的艺术特征与美学价值［D］. 长沙：湖南师范大学，2014.

［4］ 汪笑楠. 楚国日用漆器设计研究［D］. 武汉：武汉理工大学，2019.

［5］ 郑波. 试析长沙博物馆拟征集的几件南宋银器的艺术风格［J］. 湖南省博物馆馆刊，2018（1）：7.

［6］ 陈松长. 湖南出土金银器略说［J］. 收藏家，2002（10）：5.

［7］ 蒋雯. 试论湖南商周青铜器的艺术特征与美学价值［D］. 长沙：湖南师范大学，2014.

［8］ 张欣. 先秦饮食审美研究［D］. 天津：南开大学，2010.

［9］ 柳靖. 宋代饮食文化审美研究［D］. 西安：西安建筑科技大学，2021.

［10］ 阮雁春. 透过中国古代饮食文化观看中国人的文化美感［J］. 中国食品工业，2021（23）：120-123.

［11］ 史修竹. 五味调和的审美功能研究［D］. 无锡：江南大学，2010.

［12］ 张莹莹. 烹饪造型与烹饪色彩艺术［J］. 食品安全导刊，2020（27）：49.

［13］ 赵建军. 中国饮食美学的内在超越［J］. 南京晓庄学院学报，2014（1）：5.

［14］ 湖南省商业局副食品公司. 湖南菜谱［M］. 长沙：湖南科学技术出版社，2004.

［15］ 石阴祥. 湘菜集锦［M］. 长沙：湖南科学技术出版社，1985.

［16］ 谢定源，白力刚. 湖南名菜主要特点的量化分析［J］. 中国烹饪研究，1998（3）：38-43.

［17］ 周晓燕. 论中国菜点风味中的质感［J］. 中国烹饪研究，1995（4）：53-56.

［18］ 王书顺. 论菜肴质感的重要性［J］. 饮食科学，2018（2X）：1.

［19］ 汪永海. 试论菜肴的质［J］. 烹调知识，2006（6）：39-41.

［20］ 彭军炜. 湖湘特色食材的整理与利用［J］. 南宁职业技术学院学报，2020，25（4）：4.

［21］ 彭军炜，谷金星. 湘菜非物质文化遗产概论［M］. 北京：中国轻工业出版社，2020.

［22］ 杨铭铎. 饮食美学及其餐饮产品创新［M］. 北京：科学出版社，2007.

［23］ 盛金朋，彭军炜. 饮食美学视域下湘菜质感的特征及其表现［J］. 楚雄师范学院学报，2022（4）：37.

［24］ 杨铭铎. 饮食美学的内涵剖析［J］. 扬州大学烹饪学报，2008，25（2）：5-7.

［25］ 刘朴兵. 试论唐宋饮食美学的发展［J］. 农业考古，2009（4）：11.

［26］ 刘军丽. 试论李渔《闲情偶寄·饮馔部》中的饮食美学思想［J］. 社科纵横：新理论版，2012（2）：2.

[27] 王远坤. 饮食美论［M］. 武汉：湖北美术出版社，2001.
[28] 周文涌. 烹饪工艺美术［M］. 2版. 北京：高等教育出版社，2009.
[29] 周宇，颜醒华，钟华. 宴席设计实务［M］. 北京：高等教育出版社，2003.
[30] 全泉，陈良，廖远芳，等. 三大构成［M］. 南宁：广西美术出版社，2016.
[31] 彭可心，刘奕楠. 共赴一场湘菜盛宴［N］. 湖南日报，2022-12-31.
[32] 刘卫平. 烹饪美学在现代餐饮中的重要性［J］. 天工，2019（10）：1.
[33] 朱基富. 烹饪美学［M］. 北京：中国轻工业出版社，2021.
[34] 魏洁，王峰. 图案与装饰［M］. 北京：中国轻工业出版社，2016.